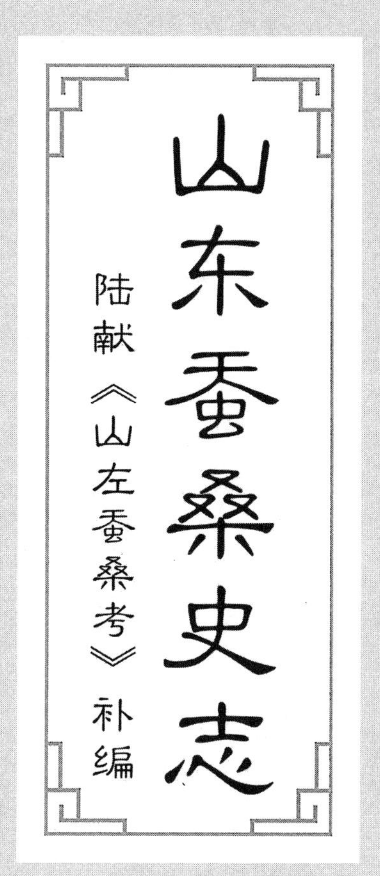

中国农业出版社
北京

本书获山东农业大学农学院作物学博士后资金资助出版

序

本书编者高国金求学于南农，曾受教于章楷先生，赓续蚕桑史研究。此次来烟台，他将整理好的一大本书稿让我审读。提起章楷，这位学识渊博、学风严谨，在蚕业史研究中有颇多贡献的长者立即萦回心间。其实，即或我们三人没有交集，我也会高兴地去读这类近年来蚕业史极为稀缺的书籍和文章。

事实证明，我读对了。先是，书中陆献《山左蚕桑考》卷五、王萦绪《教养山蚕说》序、《九畹古文·山蚕记》等多部古籍，皆是我多年前撰写《中国蚕桑书录》时想找，但一直没能找到的文献，这些文献连同其他诸多几近湮没的史料，将为研究蚕业史和传统蚕业研究提供新的启示或证据。

更重要的是，我国是世界上公认的蚕业发祥地，但国内对蚕业史的研究与著述起步较晚，且迄今争议不断。例如关于蚕业起源地的问题，至少有四五种说法：最早，以近代多位先辈、现代考古大师夏鼐先生以及安徽段佑云教授为代表，他们以历史记载、出土文物、甲骨文等考证手段，阐述蚕业最早起源于黄河中下游地区；其后，1958年浙江吴兴钱山漾遗址出土丝线、丝带和绸片后，浙江蒋猷龙先生根据出土文物、民俗传统及各地蚕种的不同，认为蚕业是在不同历史时期分别起源于山东河南、浙江、广东、四川四个中心圈，即多中心论；第三，几乎与多中心论同时，我国早期江苏无锡蚕丝实业家兼学者邹景衡先生在台湾潜心研究大量史籍，通过自然和人文条件，举出五证，认为在古代只有山东有条件成为蚕业起源地，并一一排除了山西、太湖南岸和四川成为蚕业起源的可能性；第四，

20世纪80年代各地在地方志的编纂过程中，更出现了蚕业起源于长江三角洲等多种说法。至于柞蚕起源地，有多份史料记载显示为山东，章楷等人的研究明确了柞蚕人工放养时间为明中叶，地点为山东鲁中南山区。后有学者将《禹贡》中通常解释为野生桑（实生桑）的“檿”字另释为“柞”，这样“檿丝”就成了“柞丝”，故此将柞蚕的起源一下子提前了4 000多年，称其与蚕桑业有着同样悠久的历史，可谓仁者见仁，智者见智。综观上述各种阐述与论断，我们在推崇学者们的高水平考证与研究的同时，也难免怀疑某些观点。甚至少数人因史料所限，或受地方主义，喜标新立异及望文生义的影响，出现一些草率、片面，甚至错误的论断。但总的来看，史料不足是主要原因，掌握足够多的史料是蚕业史研究的可靠基础。

尤其需要重视的是，山东农耕渔猎文化历史悠久，古圣先贤者众，今天国内外多数学者亦认为山东是我国蚕业发源地（或之一），就连提出蚕业起源多中心论的蒋猷龙先生也认为古代（宋以前）北方的蚕业远比南方发达，尤其山东最为显著，史料也最多，不然怎么解释《禹贡》中兖州“桑土既蚕”、青州“厥篚檿丝”，《史记》“齐鲁千亩桑麻……此其人与千户侯等”、“号为冠带衣履天下”，以及今人说的齐鲁为丝绸之路的货源地呢！然而，由于地质条件的原因，山东很难保存出土2 000年以上的丝绸文物，加之山东基本无人研究蚕业史，甚至连类似清代陆献所作《山左蚕桑考》这样的方志史料汇集性质的书都十分难觅，这就导致了山东蚕业史研究的缺如。所以，现在《山东蚕桑史志——陆献〈山左蚕桑考〉补编》编纂出版，其重要性不言而喻。

阅读本书时，我始终沉浸在感动与启迪之中。读到有关科技部分，“李约瑟之问”涌上心头。研究中国科技史的英国著名学者李约瑟曾提出：在公元前1世纪到15世纪期间，中国人在应用自然知识满足人的需求方面，曾经胜过欧洲，然而为什么近代科学蓬勃发展没有出现在中国？这个著名的问题完全与中国蚕业生产与科技相吻合。从有文字记载起，至18世纪之前，中国蚕业科技是独一无二的，后来欧洲及日本发展到了前面。其部分

原因，学者们已经指出，包括国人太讲究实用，很多发现仅滞留在经验阶段等。好在改革开放后，特别是近些年，多个领域已经开始回应“李约瑟之问”，那就是传承与创新，实现科技强国。2015年医学诺贝尔奖得主屠呦呦正是从古医书上得知“青蒿抗癌”，进而研究分离制取了青蒿素，这是传统中医药献给世界的礼物，是专家尊重传统文化和创新的典范。我国蚕桑古文献中包含的中国人民智慧、科技与生产经验，同样需要我们去发掘、传承、研究和创新。欣慰的是，我们的科技工作者也是这么做的，他们正逐渐向世界科技前沿靠拢，我们的未来迟早会恢复以往的荣光。从这点看，本书定会让许多人如获至宝，它的出版发行恰逢时宜。

以上几点，是我看完《山东蚕桑史志——陆献〈山左蚕桑考〉补编》随手写的读后感，高国金先生要把它作为序言，我说充其量算作代序，将来再版时根据读者的收获与体会，他们会写出正式的序言。

编者孜孜不倦，默默无闻，花费大量时间从几十家藏书单位收集古籍资料，翻阅300多部山东不同时期不同地区的方志，查找到这么多珍贵的史料，实属不易，不愧为章楷先生蚕桑史研究的继承者，向高国金先生这种毅力和甘为他人作嫁衣的精神学习。

毕德公

2017年10月27日

前 言

山东农耕渔猎文化历史悠久，春秋战国以来，已经成为种桑养蚕适宜之地。汉代以来，野蚕成茧多有记载。宋元以来，织工南渡，蚕桑业南移，齐鲁丝织业日渐衰落。清代中期，随着山蚕放养技术的发展，齐鲁籍贯异地为官者，将山蚕技术传播到很多地区。近代以来，随着烟青开埠，生丝出口异常繁盛，山柞蚕丝更是走向世界，举世闻名。这一趋势延续至民国时期，至今山东仍为北方重要的蚕丝产区。笔者汇集明、清、民国山东各地300多部方志，梳理历史上山东蚕桑分布规律、种类变化、习俗特点。首先，家蚕历史悠久，出现文绫、鲁缟、阿缟、镜花绫、双距绫等名产，鲁桑影响深远，早期主要分布于中西部地区，明代便已经衰落，清代养蚕缫丝已经罕见。其次，山东野蚕成茧记载颇多，厥篚檿丝闻名于世，清代中期东部野蚕发展迅速，山茧种类丰富，柘、楟、柞、槲、栎、橡、椒、椿、柳、樽椤等皆见，清末民初沿海柞茧贸易繁荣。最后，很多地区形成了独特的月令式祭祀习俗，这是北方蚕桑习俗的文化遗存。

陆献，字彦若，号伊湄，宋忠烈公秀夫裔孙，世居丹徒镇。陆献及子孙世代多基层官吏，仕宦遍布大江南北，历经鸦片战争、回疆平叛、太平天国、辛亥革命，纵横嘉道咸同四朝。子孙世代秉承陆秀夫忠烈公精神，报效清廷，忠肝义胆，且擅诗文，是嘉道以来江南科宦世家的典型写照。陆献于道光十年（1830）任蓬莱知县，道光十一年八月由蓬莱署任莱阳知县。道光十三年三月二十日到任知曹县。道光十五年陆献任山东曹县，此际编《山左蚕桑考》。道光十六年调，十九年拣发安徽，以繁缺知县用署合肥县。陆泳桐等撰《先考吾山府君行述》载："曾祖考芳洲公讳金荄，诰赠朝议大夫，曾祖妣氏滕赠恭人。祖考伊湄公讳献，道光辛巳举人，初官山左，宰蓬莱，有政声，附祀名宦祠，迁安徽合肥令，兴蚕桑，著述甚富，毁于兵焚。《丹徒横闸议》采入《皇朝经世文编》，行世有手订《蚕桑辑要》、《蚕桑新编》诸书，家刻有《尊朴斋诗草》仅存。”陆襄钺：“适贼陷镇郡，从父（陆以耕）携眷橐笔游秦。”兵祸致使陆献子孙离开镇江，由此推测，陆献著作多毁于此次战乱。

《山左蚕桑考》是陆献仅存传世之作，全书以山东十二府州为体例，设置十二卷：卷一，济南府；卷二，东昌府；卷三，泰安府；卷四，武定府；卷五，临清州；卷六，兖州府；卷七，沂州府；卷八，曹州府；卷九，济宁州；卷十，登州府；卷十一，莱州府；卷十二，青州府。府州下设各县，内容主要源自各府、州、县方志。此外，内容还包括：溧阳狄继善《蚕桑问答》，陆献跋、马邦举序；《课桑事宜》；道光十五年乙未八月献既缉《课桑事宜》呈、荆宇焘跋、李澧跋。辑入的《蚕桑问答》、《课桑事宜》、《蚕桑杂记》三部分内容极具研究价值。孙殿起《贩书偶记》载：“《山左蚕桑考》十二卷，不著撰人姓名，《蚕桑问答》一卷，溧阳狄继善撰，《课桑事宜》一卷，不著撰人姓名，无刻书年月，约咸丰间刊。”目前，国内收藏情况：国家图书馆有两部，略有差别。其中一部的序言与十二卷完好，封皮完整。题签“山左蚕桑考，道光乙未仲秋，督学使者季芝昌题笺”，且有“季芝昌”与“仙九”印章。此书应为道光十五年，季芝昌*视学山东之际收藏，时值陆献任职山东。

另一部则为残卷本，十一卷，首页眉批题：“此书可惜少第五卷，其中州府有不全者，宜再物色之，幸登莱青三府尚完好。”此外，山东省图书馆仍保有一部，标引为十一卷，但破损严重。《山东蚕桑史志——陆献〈山左蚕桑考〉补编》主要参考国家图书馆所存两部书。

---

* 季芝昌，字仙九，学承祖训，艰苦植品，道光辛巳举人，官国子监助教，壬辰成进士一甲第三人及第，改编修，癸巳大考擢侍读，己亥大考，擢少詹事，洊至都察院左都御史，军机大臣，闽浙总督。芝昌以文章受宣帝特达之知散馆第一，大考两次第三，皆出御定，自是主眷日隆，召对陈事，锯细靡遗，筹将大用，不仅视为文学侍从之选，视学山东、浙江、安徽，他学臣衡文取士而已，芝昌则厘剔积弊，整饬士风，持法甚严，而士心不怨，中外有公正廉明之目。

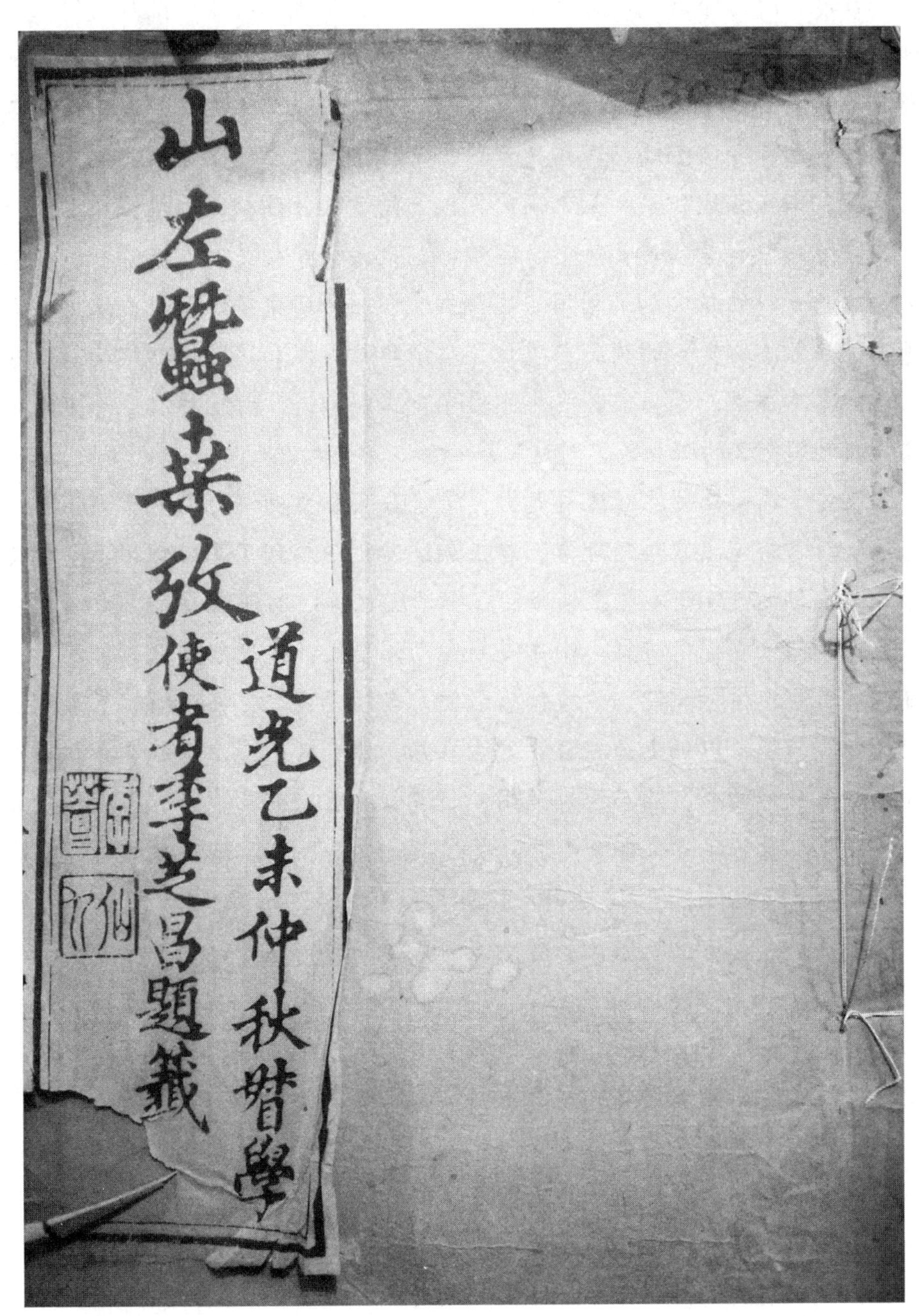

国家图书馆藏全本版《山左蚕桑考》封面，残本版为蓝皮无字。

目前，国内外馆藏以志书为体例的农业古籍很是稀少。陆献为著名农学家，《山左蚕桑考》汇集山东省府州县所有方志中蚕桑知识，撰写体例与内容有独特的价值，属于风土物产志一类。《山左蚕桑考》以山东十二府州为范围，专门汇编劝课蚕桑资料，可称之为风土物产与循吏史志。明清两代，山东各地积累大量不同时期编纂的方志，陆献《山左蚕桑考》采拾山东方志中大量物产、风俗、官绩、艺文诗词等相关劝农桑资料，是对山东方志资料的二次加工利用。这与当前农业史研究不谋而合，农史学界长期关注方志类资料的收集与整理，自中华人民共和国成立初期南京农业大学方志库建设，至当前各类方志数字化工程推进，都反映农业历史与方志学科之间交叉的必要性，对这一路径的探索亦从未间断。

农史学界长期关注劝课蚕桑史，清代基层蚕桑劝课史具有典型性，府州县官员作为地方基层治理者，在王朝统治之中起到了基础作用，是社会治理基本单元，肩负着农业领域的社会治理任务。劝课农桑是循吏治理的重要一环，注重循吏榜样。山东是研究劝课蚕桑最为理想区域。任职于齐鲁，官员深受儒学熏陶，注重儒家教化，勤政爱民。乾嘉以降，基层官员面对社会治理，以循吏为榜样，复古求知，经世致用，注重农桑，积极劝课。陆献身为县令，注重经世致用，与贺长龄互有交集，与龚自珍、魏源皆有交集。麦若鹏《龚自珍传论》载："陆献在京时与龚自珍、魏源、陈沆等交游，笃于友谊。"撰写《山左蚕桑考》符合时代背景。

近年来，古籍出版形式多样，体例新颖，内容丰富。农书与方志是农业历史出版相关领域的重要组成部分，《山左蚕桑考》兼具二者特点。本书将《山左蚕桑考》内容补编，沿用书中十二卷体例，利用南京农业大学中华农业文明研究院保存各类山东蚕桑方志红本子史料、国家图书馆山东各类方志物产蚕桑类与风俗类资料、山东各类相关蚕书及其序跋共三种资料，对《山左蚕桑考》进行补编，将以山东蚕桑史志形式，将山东传统社会蚕桑史料全面展示。借此，全书将呈现出陆献、章楷、华德公等对山东蚕桑研究轨迹，跨越一百八十多年。力求补其不足，挖掘以前未见蚕书；现其原文，探寻陆献内容源处；汇其未有，汇集风俗、物产资料。

编辑说明

一、查阅国家图书馆方志资源库，使用三百多部通志、府志、州志、县志、乡土志等资料。将《山左蚕桑考》提到所有劝课者信息、蚕桑风俗、蚕桑物产、艺文碑刻等资料重新补充完整，标注出处。同时，注意到不同时期方志撰写差异，将内容差异稍大的多种方志资料进行补编，以致能够全面地补充信息。

二、利用南京农业大学方志物产库《方志分类资料》九十分册《蚕业(二)》，将这部分内容进行校勘，核查原资料出处，并进行补编。书中所及民国时期资料多出于此，而其他民国时期资料内容庞杂，本书均未收录。

三、将山东历代蚕桑农书进行细致、全面整理与收录，依据作者籍贯和刊刻地为山东的标准，将其所撰蚕桑农书补入山左十二地区划分各卷中。由于内容太多，大多提供序跋，仅个别稀见、新发现蚕书，提供全文补编，其他仅编入作者、书籍、目录等基本信息。

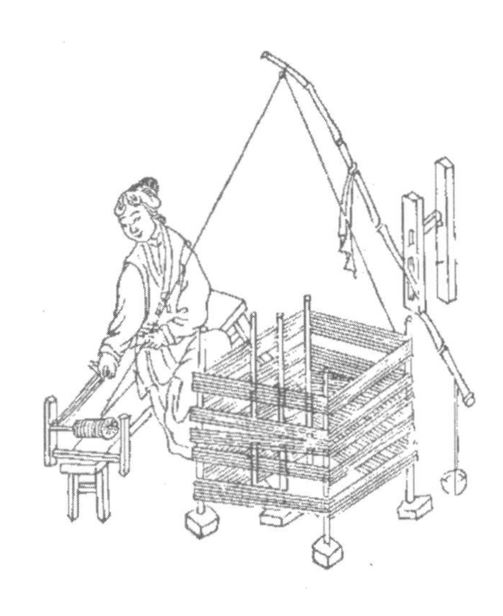

目录

卷一

济南府

《山东通志》　《禹贡》:兖州，桑土既蚕，是降邱宅土，厥贡漆丝，厥篚织文。《孔传》云：地宜漆林，又宜桑蚕。《史记》云：泰山之阳则鲁，其阴则齐，带砺山海，膏壤数千里，宜五谷桑麻。又云：安邑千树枣，淮北、荥南、河济间千树梨，齐鲁千亩桑麻，此其人皆与千户侯等。《汉书》云：齐俗弥奢，织作水纨绣绮，纯丽之物，号为冠带衣履天下。宋开宝七年，齐州野蚕成茧。明洪武二十八年十二月诏山东桑枣，及二十七年后新垦田毋征税。按，明洪武间，令工部移文天下，课百姓植桑枣，每百姓初年课种二百株，次年四百株，三年六百株。永乐元年七月，山东郡县野蚕成茧，有司以绵进献。　物产:木之属桑，其叶饲蚕，其子椹可食，与柘为二种，蚕皆食之。按《典论》云：桑箕星之精，东方神木。又椿叶、槲叶皆野蚕自食以成茧，惟东省则然，木性固不同矣，岂蚕性亦有异乎。昆虫之属蚕，马首而龙文，自卵出而为虲，蜕而为蚕，三眠而成茧。按，《蚕桑杂记》云：蚕有三眠、有四眠，四眠丝多，三眠丝薄。布帛之属茧绌，以山蚕茧缫丝为之，有春茧、秋茧之分，以秋为胜，又有饲以椿叶者为椿茧，饲以椒叶者为椒茧，或得野茧于土中者为小茧，品较珍贵，绵绌练茧绵，绩线成之。绢以家蚕丝为之，类绌而薄，土绢多有织者，以齐河、寿光著名。　风俗：季春，桑始蚕；孟夏，蚕茧登；仲夏，妇始丝；仲冬，妇始织。按，《清异录》* 云：齐鲁之间，种蚕收茧讫，主蚕者簪通花，谢祠庙，村妇指为女及第。

《府志》　汉龚遂，山阳南平阳人。宣帝时，为渤海太守，齐俗奢侈，遂率以俭约，劝民务农桑畜养，数年郡中皆有蓄积，讼狱衰息。按，两

---

* 《清异录》，北宋陶穀撰。陶穀，字秀实，邠州新平（今陕西彬县）人。《清异录》是一部笔记，它借鉴类书的形式，分为天文、地理、君道、官志、人事、女行、君子、幺么、释族、仙宗、草、木、花、果、蔬、药、禽、兽、虫、鱼、支体、作用、居室、衣服、妆饰、陈设、器具、文用、武器、酒浆、茗荈、馔羞、薰燎、丧葬、鬼、神、妖，共37门，每门若干条，共661条。此书多记唐、五代时人称呼当时人、事、物的新奇名称，每一名称列为一条，而于其下记此名称之来历。

汉以来，循吏首称龚黄。龚遂，山东郡守，劝民务农桑。黄霸治颍川，亦务耕桑种树。盖古之循吏未有不亟亟讲求蚕桑者。今中丞云亭先生*条谕中谆谆以地方上有未种桑麻果木，责成牧令，仰见大宪树艺廑怀。即《论语》“三年足民”，《管子》“十年树木”，化育栽培，不惮多方以求之之至意。

康熙《山东通志》卷九《物产》

济南府。柘茧䌷，出青城。莱芜取山柘野蚕乱丝而埋之者也。绢，出青城。

康熙《山东通志》卷六十三《灾祥》

济南府。梁武帝天监十一年二月，济阳野蚕成茧。宋开宝七年，齐州野蚕成茧。

乾隆《山东通志》卷二十四《物产》

桑，其叶饲蚕，其子名椹，可食。与柘为二种，或曰：柘，即山桑也，故蚕皆食之。然东人饲蚕不尽桑与柘也，椿叶、槲叶皆野蚕自食以成茧。惟东省则然，木性固不同矣，岂蚕性亦有异乎。柞，一名凿子，木以性坚忍，可供柄凿也。蚕，马精所化，故形马首而龙文。自卵出而为蚴，蜕而为蚕，三眠而成茧，自裹于茧中，曰：蛹。蛹复破茧而出，曰：蛾。蛾而复卵，盖神虫也。茧䌷，以山蚕茧缫丝为之，有春茧、秋茧之分，以秋为胜。又有饲以椿叶者为椿茧，饲以椒叶者为椒茧，或得野茧于土中者为小茧，品较珍贵。绵䌷，练茧绵，绩线成之。绢，以家蚕丝为之，类䌷而薄。土绢多有织者，以齐河、寿光著名。

济南府。光绢，丝生而微黄，练之则白，出齐河者佳，名齐河绢。

康熙《山东通志》卷八《风俗·济南府》

俗弥侈，织作水纨绣绮，纯丽之物，号为冠带衣履天下。《汉书》齐郡风俗，男子多务农桑，崇尚学业。泰山之阳则鲁，其阴则齐，带砺山海，膏壤数千里，宜五谷桑麻。《曾巩齐州诗序》人尚忠勇，家业农桑，风俗淳厚，诚慤无常。《平原志》

---

* 钟祥，字云亭，汉姓杨，内务府旗人，隶汉军镶黄旗，进士出身，道光十二年（1832）任山东巡抚。

宣统《山东通志》卷四十《风俗》

其民好蓄藏，设智巧，仰机利，地带山海，宜桑麻，人民多文采，布帛鱼盐，其俗好议论，地重难动摇。《史记》

宣统《山东通志》卷四十一《物产表》

丝绸，本省桑茧较少，山茧为多，山茧有椿、樗、柳、柞之目，而柞茧为最盛。即槲叶，一名不落。青、登、莱、沂诸郡皆有，以烟台、昌邑、周村等处为总汇。

蚕，桑蚕之外，又有柞蚕、椿蚕、樗蚕、柳蚕之类，皆野蚕也。

桑、柘、柞、枫，《旧志》谓俗名不落，其说非是，按不落即柞，一名槲，可以饲蚕，非枫也。

道光《济南府志》卷三十七《宦迹》

王用霖，字静菴，奉天广宁人，荫生。康熙五十五年，任山东布政使，治尚宽平，廉明似水，振刷利弊，裁节冗费，与民休息，不事苛察，惟行实政。圣驾巡幸，稔知贤能，御书赐之，以昭宠异。东藩五载，以爱民兴学为急务。署中隙地，常种五谷，验民稼穑收成。每单骑劝课农桑，修葺学宫，增置乐舞。捐修街道桥梁，设立义学义冢，回馈难民子女，鳏寡孤独，尤加矜恤。辛丑荒饥，开仓平粜，捐赈兼举，保全民命。时二麦枯槁，力疾步祷，以致疾卒，举国哀号，声闻数里。私谥勤愍，立专祠于湖上，以祭之。祀名宦。

道光《济南府志》卷十三《物产》

有桑凡数种，曰：荆桑、鲁桑、花桑、柘桑，皆可蚕。历城茧丝最良，邹平、济阳次之，齐东又次之，其桑不同也。

虫之类，惟蚕为甚，民利赖，产桑之地皆有之。北地寒，桑稀叶薄，故蚕丝亦逊于南。槲蚕育法约同于桑。邹平成孝廉琅，有《蚕书》，载颇详。其他泛载诸志者，无关土宜民用，概从阙。

历城县

《县志》 东南乡之民，多务农桑。南乡多习樵牧，北乡则专治畦圃，敦朴无他营，最为近古。

宣统《山东通志》卷二十二《疆域·山川·济南府山·历城县》

又，按《山海经》，东由经又南三百里，曰岳山。其山上多桑，其下多樗。

乾隆《山东通志》卷二十三《风俗》

重农桑，崇学业，乐输将，敦节气，其大较也。

康熙《历城县志》卷五《赋役·方产》

绢，田妇皆知蚕桑，绢成可练为衣。绵紬，练蚕茧而成，较绢密而贵。丝，贵家闺妇，皆习蚕事。桑、柘、槲，昔年郊以南皆槲也，古房犹多此梁。今虽荆榛已除，然斧斤太胜矣。蚕，其晚生者曰蝩。山茧，野蚕所成，历之南山皆有生。椿树曰椿茧，生槲树曰槲茧，生山中曰山茧。产不同，价亦异，东人以茧紬名山茧者为上价，作绮锦。惜土人不习织维，反为他邑所市也。

康熙《历城县志》卷六《职官·县令》

刘元琦，字佩珍，山西吉州人，例监。伟度鸿才，百烦就理，待士有礼，输纳便民，折狱片言，神明著誉，更悬彰善瘅恶牌，一时里猾市棍为之敛跡。堂下手植海棠五株，春二月花压斜枝，掩映襟袖。与百姓较阴晴，问桑麻，则又风花温蔼，不数潘河阳矣。有自制小记，勒之石。升知府。

乾隆《历城县志》卷五《地域考三·方产》

兖州，桑土既蚕，是降邱宅土。《尚书·禹贡》兖州，厥贡漆丝，厥篚织文。同上地宜漆林，又宜桑蚕，织文锦绮之属，盛之筐篚而贡焉。《尚书·孔安国传》齐鲁千亩桑麻，其人皆与千户侯等。《史记·货殖传》齐州土贡丝葛绢绵。《新唐书·地理志》齐州土贡绵绢。《太平寰宇记》济南府贡绵绢。《宋史·地理志》

昆虫之属。有蚕可作茧，生椿树者曰：椿茧；生槲树者曰：槲茧；野蚕生山中者曰：山茧。布帛之属。有茧紬、绵紬、屯绢。

民国《续修历城县志》卷五十三《杂缀三·轶事三》

田家风景总依稀，黄土围墙白板扉。椒槲浓时山茧熟，稷粱登后野鸡肥。孙伯度《山蚕说》：野蚕成茧，东齐山谷，在在有之。食槲名槲；食椿名椿；食椒名椒。春夏及秋岁，凡三熟。

光绪《教种山蚕谱·樗茧谱》，江国璋刊

樗茧谱志惠遵义郑珍纂，独山莫友芝注

乾隆七年春，太守省菴陈公始以山东槲茧蚕于遵义。公山东历城人，名玉壂，字韫璞，由荫生补光禄寺署，正出同知江西赣州。乾隆三年来守遵义，日夕思所以利民事，无大小具举。民歌乐之郡，故多槲树，以不中屋材，薪炭而外，无所于取。公循行，往来见之，曰：此青莱间树也，吾得以富吾民矣。四年冬，遣人归历城，售山蚕种，兼以蚕师来至沅湘间。蛹出，不克就。公志益力。六年冬，复遣归售种，且以织师来，期岁前到，蛹得不出。明年布子于郡治侧西小邱上，春茧大获。尝闻乡老言，陈公之遣人归售山蚕种者凡三往返，其再也，既于治侧西小邱，获春茧，分之附郭之民，为秋种。秋阳烈，民不知避，成茧十无一二。次年烘种，乡人又不谙薪蒸之宜、火候之微烈，蚕未茧皆病发，竟断种。复遣人之历城，候茧成，多致之，事事亲酌之，白其利病，蚕则大熟。乃遣蚕师四人，分教四乡，收茧既多，又于城东三里许白田坝，诛茅筑庐，命织师二人教人缫者络导牵织之事。公余亲往视之，有不解，口讲指画，虽风雨不倦。今遗址尚存，邑之人过其地，莫不思念其德，流连不能去。公遂遍谕村里，教以放养缫织之法，令转相教告，授以种，给以工作之资、经纬之具，民争趋若取异宝。皆乾隆七年事。八年秋，会报民间所获茧至八百万，是年蚕师、织师之徒，能蚕织者各数十人，皆能自教乡里，而陈公即以冬间致政归，挽送者出贵州境不绝，莫不泣下也。惟蚕师、织师仍留。自是郡善养蚕，迄今几百年矣。纺织之声相闻，槲林之阴迷道路。邻叟村媪相遇，惟絮话春丝几何，秋丝几何，子弟养织之善否。而土著裨贩，走都会十十五五，骈比而立眙。遵绸之名，竟与吴绫、蜀锦争价于中州，远缴界绝不邻之区。秦晋之商，闽粤之贾，又时以茧带鬻，捆载以去。与桑丝相挽杂，为绉越纨缚之属，使遵义视全黔为独饶，皆先太守之大造于吾郡也。故谱之作志，遗爱于首。

章丘县

《县志》　俗勤织纺，东北乡多业桑蚕，成织纱绢，为利不赀。按，邑人焦毓瑞，顺治中巡按宣大，招流户，课农桑，使边民有家室之乐。

民国《山东各县乡土调查录》

章丘县：蚕桑，该县土质无不宜桑，惟人民不知大利所在，故种者寥寥。除旧有桑树一万八千八百株外，新植者仅有一千四百一十株。

宣统《山东通志》卷四十《风俗》

关厢士民杂居，商贾辐辏，傍山者富薪炭梨枣之资，倚水者享稻苇菱芡之利。地宜蚕桑，习于勤苦。铁业甲于山东，邑之富饶，并有赖焉。节录《济南志》

道光《济南府志》卷三十八《宦迹》

张万青，号萼田，浙江分水人，进士。乾隆十六年，由范县调章邱，课农桑，重耆老，恤孤弱，谳狱不事钩距，而民无冤。抑催科，未尝出粟，亦无逋欠者。壬申，蝗蝻为患，县赏力捕，自日中至晡不食，民咸感激，趋事岁以大热。癸酉夏旱，徒步祷百脈泉，甘澍立沛，邑人为凿张公池。女郎山西北，官庄地洼下，夏秋霖雨，禾尽没，访落坡河，有故道，可引水达淯河，乃疏浚之，三阅月而渠通，民赖其利。仿朱子遗法，于普济水寨诸镇，各设义仓，备缓急。至于筑城垣，修书院，纂邑乘，善政不可胜纪。卒后，邑人宁之菼、焦汝夔等为之传，后升兴国知州。

乾隆《章丘县志》卷五《风土》

《禹贡》载：兖州草木繇条，青州盐絺丝枲。今则山同，然而无所植。蚕丝之用，皆取运于南方。岂百产有时竭耶，人事不齐所致耶。

服御之属，丝，坚韧而明，为诸邑冠，又有山丝，可为山䌷。

乡邑之略，清平乡，地宜蚕桑，种蔬艺蓝。习于勤苦，号称俭朴。

道光《章丘县志》卷六《礼俗志·风俗》

除夕，置草一束于门前，爇之，曰：照田蚕，亦曰：照听。

乾隆《章丘县志》卷九《人物》

焦毓瑞，字辑五，号石虹，馨孙，日芬子也。顺治丁亥进士，任御史，时巡视漕仓，则恤旗丁，免耗折，祛弊政。巡按宣大，则招流亡，葺学校，课桑农。巡盐河东，酌定成规，使盐斤不盈不缩，商民至今称便。……以疾卒，蒙恩赐邺典弛驿归葬。入乡贤。

邹平县

《县志》　民业农桑，妇女蚕桑之外，兼务纺绩。按，今署黔藩致仕，前山东臬宪李复斋先生曾任邹平，多惠政，不外乎农桑教化。调任黔中，后有复旧属手札云：种树一节，直做到透澈处，其余兴除之事，势如破竹矣。每念地方官苟有爱民实心，则因地制宜，均有可办之事。随举一端，做到透澈处，即可以垂之不朽。如贵州向无茧利，有历城陈公，讳玉壂者，由江西同知推升遵义府。见遵义地多产橡，可以饲蚕，遂捐廉遣人，至山东购买蚕种，教民饲蚕。初年不成，次年又遣人再购，并雇觅善饲善浴之人，以及纺织机匠到黔教民，卒有成功。至今遵义收买茧丝，每年有七八千万出息。又正安州吏目徐公，讳阶平者，系嘉兴人。亦仿照陈公之事，遣人赴浙觅种，教民养蚕，其利亦兴，至今正安每年有二十余万出息。此两处民人于陈公、徐公家尸户祝，祭祀不忘，现在题请崇祀。查陈公、徐公在任时，善政必多，然已无可查考，惟教民饲蚕一端做的透澈，遂能俎豆不祧。且徐公一少尉耳，而实心为民，亦遂有不朽事业。彼居高位而浮沉敷衍，卒至宝山空回者，其贤不肖何如也。

民国《山东各县乡土调查录》

邹平县：蚕桑，南乡养蚕者众，桑树数万株，蚕桑之利可望普及。

宣统《山东通志》卷四十《风俗》

民业农桑，士皆知礼义，性俭朴，安居处不事商贾。妇女蚕桑之外，兼务纺绩。婚娶视家之丰啬，为礼丧葬，颇崇外饰。

民国《邹平县志》卷十八《杂志上·风俗》

士知礼义，民业农桑。性习简朴，志安居处。《旧志》

民国《邹平县志》卷十八《杂志下·灾祥》

（晋）太康六年春三月戊辰，梁邹县陨霜，伤桑麦。

道光《济南府志》卷三十八《宦迹》

李文耕，号复斋，云南昆阳州人，进士。嘉庆十四年，知邹平县，因病告归，十九年复任。邑人为立生祠，且刊十二德政之碑，一曰：重修学宫。二曰：虔共祀典。三曰：表章前贤。四曰：褒奖节孝。五曰：培养士子。六月恪诚训民。七曰：劝课农桑。八曰：案无留牍。九曰：力除积弊。十曰：兴修水利。十一曰：沿乡查夜。十二曰：逐条勘灾。各有事实。升任胶州知州，累迁泰安府兖沂道，至山东按察使。道光十七年，邑人请祀名宦。

康熙《邹平县志》卷八《物产》

蚕丝，长醴二乡多蚕桑，贸丝织绢，殊饶。

柘绸，山中野茧织成。大峪山中柘树遍山谷，放蚕时，其人将滚水沃其根下蚁穴，否则蚁上树，衔其蚕去。栽树数千株，收茧数万。先杀蚁，亿亿万矣。昔宋郊* 编桥渡蚁，阴德食报状元宰相，较杀之取利，其罪则重如山丘焉。但有沃蚁穴者，当伐其树。

淄川县

《县志》　明，侯居良，解州人。嘉靖间，为淄川令，相度地势，于邑南二里许般溪上流，筑石为堰，障水引流，绕东郭折而北，居民灌园种树。又，史能仁，河南鹿邑人。由新城调任淄川，劝农桑，擢户部主事，去之日，壶浆盈路。

民国《山东各县乡土调查录》

淄川县：蚕桑，户多养蚕，皆用土法。城北一带桑树较多，全境产丝年约六七万两。

* 宋郊，雍丘人，天圣初与弟宋祁同举进士，世称大宋小宋。未第时，有僧相之云："小宋当大魁天下，大宋亦不失功名。"后数日僧见郊，异之曰："君何满面阴骘纹，似救数万生命者。"郊曰："惟前日见蚁被水淹，戏将竹编桥渡之。"僧曰："即此便是，当大魁天下。"后果然。

《济南府志》卷三十六《宦迹》

史能仁，字严居，河南鹿邑举人。初仕新城，以才调淄川。既抵任，兴教化，劝农桑。刻小示，曰：孝弟仁让，天理良心。禁说谎，禁衣帛。临下民如父子，处官事如家。督行乡村，过寒者与之袴，妇不织者，笞其夫，遇耕耘之良者，问为傭乎，则赏之，老稚嬉嬉绕膝下，不知为令尹也。然当明季草窃丛生，执法如山，犯者无赦，擢户部主政。去之日，邑民壶浆填委饯于路。迨顺治辛卯，以迁婶母丧，到淄，父老匍匐弔讯，无虚日，倾邑出送。越十年，闻其殁，淄人醵金钱为赙。

乾隆《淄川县志》卷一《物产》

至于丝绢少布，旧列货属，此淄之人日用之需耳。蚕桑辟纩以盖御寒，非可以走四方货奇赢也。邑人近事槲䌷，然茧不产于淄，而织于淄，自食其力，以佐农之穷。

乾隆《淄川县志》卷一《续物产》

或曰：淄之槲䌷，并非物产乎。曰：茧不产于淄，而䌷间织于淄，然亦非正业也。此不过农人自食其力，以为糊口计耳，何土产之有。

乾隆《淄川县志》（民国九年刊）卷四《秩官》

侯居良，解州人，进士。四十四年任，侯相度地势，于邑南二里许般溪上流，筑石为堰，障水引流，绕东郭折而北，下经北门外，西汪会入孝河。居民灌圃种树，俗呼曰：官壩，为一邑胜。槩堰北存有石碣，今邑人推其遗意，将高筑旧壩，引水入城。向已通详抚军，司府允行，方与石年张邑侯谋，畚锸从事，或者河阳花县西陵柳堤苏白流风庶几，拭目俟之矣。

《古今图书集成·博物汇编·草木典》第二百三十六卷《橡部·纪事之四》

《淄川县志》：石隐园同春堂北，栎树异，根同干枝成连理。

长山县

《县志》 民无游惰，务农桑。

民国《山东各县乡土调查录》

长山县：蚕桑，设有公立桑园一所。内栽桑树一万余株，以资提倡。至于各乡桑树，虽属不少，惟养蚕仍用土法。

宣统《山东通志》卷四十《风俗》

俗务织作，善绩山茧。茧非本邑所出，而业之者颇多。士务功名，习尚敦厚。城南与周村镇近处，人多商贾，而务农其本业也。

宣统《山东通志》卷六十九《职官·宦迹四》

杜翱，字云翰，上都人，进士。至正十年，为长山尹，课农桑，恤孤独，崇礼让，绝苞苴，戒嚣顽，息讼狱，一邑帖然。莅任初，因学宫湫隘，拓地营建，又于各乡设社学四十二区，以劝民学。有檄征民粟帛，乃听其自输，不为程督，民皆乐就。《济南志》

光绪《长山县乡土志·商务》

丝，由火车运出口者，每年约有两万块，每块五斤，统计约重十万斤。茧丝，由火车运出口者，每年约有四千包，每包百斤，统计约重四十万斤。绸缎由南省运来，每年约有十余箱，约重一千余斤。

康熙《长山县志》卷一《风俗》

民不游惰，事乎农桑。士不奔竞，务于讲学。衣冠文物，渐次日盛。见《危澄志》

康熙《长山县志》卷四《物产》

木属，桑，柘。货属，茧绌，以槲树之茧打线织绌者名槲绌；以槲线绵线织者名本机；以绵线絮线织者名二色；以丝线绵线织者名倒庄；以丝线布线织者名布绌；统称茧绌。而惟小茧椒绌为最胜。语类云：柘，山椒也，野蚕食之，成山茧，其丝织绌坚而不敝。绵绌，绢、丝、绵、麻、桑皮纸。

光绪《长山乡土志·政绩录》

程仁均，湖北黄冈人，光绪庚辰进士。以部选令长山，甫下车即以兴学校，劝农桑，罢征役，缓催科为要政，而引援后进，循循如不及。邑西北乡有杏花沟者，乃汉济水故道，湮淤多年，号铁板沙，先是屡行疏凿，迄无效。公莅任亲行勘验，与诸父老共议挖抉，父老难之，公因指童子而笑曰：若辈虽梗议，尔辈必获厚利，数年后当信吾言，遂醵金兴工，公画则督役，夜则露宿，阅两岁而工竣。噫以积年水患，经数十令，而不能去者，一旦水国变为良田，因拓地数百顷，马令之利其利者，皆公赐也。既又浚城东韩信沟，大有裨益，万民戴德。后宰是邑，而兴水利者，咸推公为首云。

宣统《山东通志》卷一六一《历代循吏》

许誉，长山人。洪武中，知仪封县，邑多游民，誉躬行田亩，课农桑，百姓化之。永乐初，秩满当迁，民乞留，赐袭衣宝钞，复留三年。《一统志》

新城县

《通志》 国朝，张鹏，重浚小清河。议云：故道既通，石闸复建，则蓄泄有地，启闭有时。新城等七邑沟壑之地，疏为桑麻。

民国《山东各县乡土调查录》

桓台县：蚕桑，养家蚕者较前发达，惟沿用土法，不甚畅旺。现全境桑树约一万四千余株。

道光《济南府志》卷三十四《宦迹二》

元，杨温，景州蓨县人。至元二年，任新城县尹，先是元初，改齐之驿马台为县甫。四十年下车之始，巡历乡村，相视民物，谓同僚泪，诸父老曰：此邑桑土可以蚕而衣，沃壤可以耕而食。今县既立，而学庙未建，风化何由而出，乃请于帅张公，施庙地一区，仍募官吏士庶各助己资，委典史杨彬同诸佐经营之。俾邑人瞻礼，皆感发其善心。论者谓改台为县，完聚居民，得以充国用，悉心兴学，教养人材，有以昭文德，于是二美具云。

张晦，字景贤，真定路宁晋人。世为名家，幼聪慧，长勤问学，传通经史，习熟吏业。至元三十年，选充都护府令史。至大元年六月，受敕牒承事郎新城县尹，三年二月抵任。……郑黄沟堤冲决，渰涝民田，比及水发，预修坚固，久不为害。劝课农桑，遍巡里社，谕人户趁时收采桑椹，以备种植，复逃亡户得户绝。垦产四十余亩，永为学田，以赡师生。

道光《济南府志》卷三十六《宦迹》

赵文炳，字含章，北直任县人，举人。万历十四年，知新城县，勤俭恤民，敦厚重士，行条编法一例，派粮十限催征，不审均徭，不佥大户。立常平仓，积谷一万四千石，荒年减价粜，丰年增价籴。行徭役保甲法，盗贼屏息作。兴学校，劝课农桑，教民种树，鳏寡孤独，春冬给散衣粮。用木皂隶，奸弊革，词讼省，钱粮完，革浮费。身不着棉衣，宴不宰鸡鹅。查复高博侵地，招抚流寓逃移，纳户钱粮，自行投柜收头，不得勒索火耗。荒年煮粥施药，停征钱粮。日食蔬菜，客非文会，不设鱼菜，祭胙则脯腊而藏之，以供往来行李。宪司皆重其廉，尝分惠腥庖，辞不受。三年政成，召人为御史。邑人王之垣为题十思碑，祀名宦。

民国《重修新城县志》卷十《职官志一》

（赵文炳十思碑之四思）作兴学校，劝课农桑，教民种树。令阖学立会课文，又择平日有文望者，于儒学立会，供给饮馔，亲弟甲乙，以是诸生竞奋，秋闱举者六人。遇田禾将熟，匹马巡行四野，察勤惰，验丰歉，异日征粮视为缓急。遇桑椹熟，令人各县粜买，至春分派各约布种，刊有农桑书，给散阖县。又令家地头栽种各色树株，四门外偶一人折指大树一株，除重责仍罚合抱大木一株，置县前令众，以是树皆成长。比之召公甘棠，至今优享其利，咸思赵公。

民国《重修新城县志》卷十《职官志一》

张晦，宁晋人。至大三年任，修学，课桑，筑堤，捕蝗。见修学碑记*

杜忠，河南河阴县人。以进士知新城县事，为政清慎，兴学劝农，筑堤捍水，民甚德之。后擢御史，有去思碑，入名宦祠。附去思碑记郑中孚。杜侯自下车，毅然以父母斯民为心，询诸耆旧，察民隐，严吏胥，慎里正，别淑慝，无告者赈之，豪强者锄之。疏除纷扰，禁止游惰。岁将祀事，惟腆惟洁。而又春秋躬行郊野，劝课农桑。

史能仁，字严居，河南鹿邑举人。崇祯十一年，任县事，仁心为质，民亲爱之。辛巳大旱，蝗生，单骑劝捕，自曝烈日中三日，忽有蜂数万自北

---

* 民国《重修新城县志》卷二十二《金石志一》。元皇庆二年（1313）创建庙学讲堂记碑。

来，螯蝗杀之，蝗尽，蜂亦不见。耆民张克温年九十余卒，自往会葬，有古存问长老遗意焉。时盗起境中，史歼其渠魁，余并解散。水弱火烈，实兼有之。十四年调淄川，去之日，攀辕号泣者万人，车不得行。后迁兵部主事。顺治辛卯岁，因公至县，距其去已十余年矣。邑人闻史至，髦倪夹到欢迎，会薄暮，秉炬数里，照耀如白昼，其得民心如此。新邑称循吏者，必曰赵史焉。

民国《重修新城县志》卷十一《职官志二》

崔懋，字黍谷，奉天辽阳人。以贡生授新城令，捐款修学宫，建启圣殿，创义学，置学田。圣驾东巡，询东省良吏，巡抚徐旭龄首荐崔，上命书名，付起居注。浚小清河，筑陶塘口，修县志。巡抚张鹏命州县属吏，以新城为法，德政记附。崔公德政碑记邑人王士禛，东作之时，躬劝农桑，使民各务本业。

齐河县

《通志》 济南出光绢，丝生而微黄，练之则白。出齐河者佳，名齐河绢。

《县志》 明，孟僎，玉田人。永乐间，知县事，暇则履境内，询疾苦，课农桑。视民如子，而民亦爱如父母。莅任三十三年，人称循吏焉，祀名宦。

乾隆《山东通志》卷二十四《物产》

丝生而微黄，练之则白。出齐河者佳，名齐河绢。

光绪《齐河县乡土志·物产》

丝，桑梓店地方妇女，织为女发绸。桑，叶小，土人多养接桑。

道光《济南府志》卷三十六《宦迹》

孟僎，北直玉田人，岁贡。永乐十八年，知齐河县，持己俭约，平易近民。有犯者劝谕之，不施鞭笞。暇则遍履境内，问疾苦，课农桑。视民如子，民亦爱如父母。任满抚按交章，荐留，加同知衔，仍官县事。莅任三十三年，称循吏第一，卒于官，因家焉，祀名宦。子孙仕宦蝉联，曾孙养性，历官巡抚河南、副都御使。

道光《济南府志》卷三十八《宦迹》

上官有仪，字公度，陕西朝邑人，进士。雍正九年，知齐河县。下车之始，即以建学造士为念，捐俸首葺文庙，重修文昌阁，移建奎楼城东南隅，抚民以慈，待士以礼。每暇巡行郊陌，劝课农桑，勤者赐以酒肉，游惰者杖责之。禁止妇女赶集，尤见留心风化。乾隆元年，行取内升，民怀其德，为立生祠，至今祀之。

民国《齐河县志》卷十二《风俗志》

泰山之阳则鲁，其阴则齐，带砺山海，高壤数千里，宜五谷桑麻。

盖齐民务农桑，种蔬果，勤纺织，皆从事畎亩，以自食其力，无轻去其乡者。

民国《齐河县志》卷十七《实业》

桑椹，桑树结子可食，诗云：无食我椹。桑，有数种。白桑，叶大如掌而厚。鸡脚桑，叶小而薄。子桑，先葚而后叶。山桑，叶尖而厚。女桑，条长而小子，种者不若压条而分者良，其叶饲蚕，其子可食。柘，《周礼·冬官》曰：人辨六材，柘为上。或曰：柘。山桑也，故蚕皆食也。蚕，马精所化，故形马首而龙文，自卵出而为眇，蜕而为蚕，三眠而成茧，自裹于茧中，曰：蛹。蛹复为破茧而出，曰：蛾。蛾而复卵，盖神虫也。丝，家蚕所吐为丝，有黄有白，白者贵。绢，以蚕丝为之，类细而白。土绢多有织者，以齐河、寿光著名。绵细，练茧绵，绩线成之。丝网，邑东北桑梓店地方各村妇女，去蚕丝织之为女发网，畅销于济南、上海等处。

至于桑麻之利，未之前闻。女则勤纺织，际农事兴时，亦能佐以微力。虽稍事丝蚕，类作个人女红之利，非借以牟利也。

民国《齐河县志》卷二十二《宦绩》

柳世珍，湖南长沙人。嘉庆三年，由举人来宰斯邑。政尚宽大，廉静寡欲。暇则遍视周境，课农桑，询疾苦，尤殷殷以提倡文教为务。桑梓店旧有义学一处，苦于无款，乃捐俸修整房舍，添购用具，并置田招租，藉所入以为脯修，资一方学者，咸感政教弗已，云。

齐东县

《县志》 妇女务蚕绩，一切公赋经费，多取办于布绵。

民国《山东各县乡土调查录》

齐东县：蚕桑，蚕业不甚发达。除乙种学校养桑四五千株外，城外各乡，共栽桑三四千株。

宣统《山东通志》卷四十《风俗》

民业耕桑，士尚廉耻。富者积棉储粟，相时籴粜；贫者任犁锄，间亦负贩自给。

道光《济南府志》卷三十八《宦迹》

余为霖，江西金豁人，举人。康熙二十年，知齐东县。招致流亡，给以牛种，广为开垦。三年以后，阡陌相连，流离之子，悉归乐郊。又令开井种桑，劝民蚕缫。复捐谷赈济，革火耗，祛脚价，除陋规，免河柳，捐解费，多方缉捕，民安衽席。修整学宫，立义学，置义庄，以资师儒，弦歌之声不绝。讲乡约，慎讼狱，行乡饮礼。修邑志，清操善政，士颂民讴。李文襄为之序。

光绪《新修齐东县志》卷一《风俗》

齐邑，民业农桑，士尚廉耻。富者积花粮，时籴粜；贫者亲畎亩，任犁锄。妇女蚕桑之外，耑务纺绩。一切公赋，终岁经费，多取办于布绵。

济阳县

《县志》 民务农桑。

宣统《山东通志》卷四十《风俗》

士好经术，矜名节。民务农桑，负意气。婚丧相助，奖善嫉恶，不遗余力，犹有直道之遗。《济南志》

乾隆《济阳县志》卷十四《祥异》

梁武帝天监十一年二月，野蚕成茧。

开宝七年，济南府野蚕成茧。

民国《济阳县志》卷一《舆地志·物产》

桑，有鲁桑、野生桑、荆桑、椹桑，数种，其叶均可饲蚕。一六两区种此树者甚多。

蚕，软体动物之一，吐丝成茧，抽丝制绸，为最有益于人生。家蚕分春夏秋三性，野蚕有樗蚕、柞蚕之别。

丝，本县一二六各区养蚕缫丝者甚多，光泽尚好，丝亦细致。因纺车丝恍均欠改良，仅销售于本地及周村一带，惜不能出口也。

绸绫，本县织绸绫之工厂，全设于六七八各区，约计共有二十余处。然皆用木机，未能改良，所出绸绫仅可作里子用，不能作衣料，未免可惜。

捻绸，本县一二六各区多用蛾茧撚线织绸，质韧而色老，仅销本地，作为夏衣材料。

德州

《州志》　人尚忠勇，家业农桑。明，归有光，有晚泊桑园诗。*

---

* 《上巳日晚泊桑园次俞宜黄韵》："三月长安春事繁，桃花千叶李花单。掖垣袅袅多杨柳，官草萋萋似蕙兰。帝子属车临灞水，佳人跕履仰晴滩。微臣独问长兴路，坐对灯花夜向阑。"归有光(1506—1571)，明代官员、散文家。字熙甫，又字开甫，别号震川，又号项脊生，江苏昆山人。后人称赞其散文为"明文第一"，著有《震川集》、《三吴水利录》等。

民国《德州乡土志·物产》

动物天然产，昆虫类，蚕。果木类，桑、柘。动物制造产，茧丝、辫线。

德平县

《县志》 家业农桑，风俗淳厚。明，齐廷桂，陕西人。知县事，劝课农桑，黎民畏服。

民国《山东各县乡土调查录》

德平县：蚕桑，农会农校设有桑园二处，种桑三千余株，每年养蚕出丝约四百两。至各乡民之养蚕者，甚属寥寥。

康熙《德平县志》卷三《官师》；道光《济南府志》卷三十八《宦迹》

齐廷桂，陕西隆德人，进士。成化间，知德平县，劝课农桑，黎民畏服。升都察院都事。

乾隆《德平县志》卷一《风俗物产附》

人尚忠勇，家业农桑，风俗淳厚。《通志》

男多耕，女多织，士甘淡泊，俗尚俭朴。《邑旧志》

丝，蚕所吐，间以为绢，不多有。

民国《德平县志》卷四《经济·物产》

丝产量甚微，育蚕之事，仅供妇女之消遣，不足视为家庭副业。

《汇纂种植喂养椿蚕浅说》，知德平县事楚南许廷瑞辑

汇纂种植养蚕浅说序

古之言，上农夫食九人，其次食七人，最下食五人。同此地亩，同此树艺，而收获之多寡迥乎，不同者农功之勤惰为之也。故水潦出于天，肥硗出于地，而人力之所至，实足以补天地之缺陋，而使之平。昔英国挪佛一郡，本属不毛，嗣察其土宜，遍为栽种，遂获厚利。伊里岛田卑隰，后经设法竭水，土脉遂肥，地利之关乎人力，概可知矣。余甲辰承乏平昌，公余辄阅种植诸书，有足以为民兴利者，即札记之。月余选集种树各法，凡十八类，演成浅说，凡以使易知而易为也。大抵种植之书，相传不少，如《齐民要术》、《农桑辑要》、《农政全书》，原多精要，然文人学士，博览所资，而犁云锄雨之俦，势不能家喻户晓。此篇择尤汇集，逐条指陈。其说浅近，其法简明，虽乡愚农民均能一望而知也。史迁曰：齐鲁千亩桑，其人与千户侯等。语曰：多种田不如多治地，盖以农夫终岁营营，不过二熟，而又有灾害之虞，赋税之责。种植则不妨，田土不病，树艺屋角山隅，其息至厚，其养蚕也，则家处室聚，竭数十日之力，即能取重资，而获厚利。既不虞水旱，又不患追呼。济人民而阜风俗，殆亦不无小补，云尔。光绪甲辰孟冬知德平县事楚南许廷瑞识。

禹城县

《县志》　元刘士*义，济南人。成宗时，为禹城县尹。以五事自勖，一曰：勤树蓺。力求尽善，终始不渝。张翼撰去思碑云：时方春和力于劝课，赍行粮，就食民家，见田父野老，勉其耕桑，为衣食本计，人由是感悟。以树蓺为急，积三岁，计花果群木二十四万余株，野无旷土。按俞森《种树说》**云：枣二岁而实，五岁而得一石。柿五岁而实，十岁而得三石。一亩之地树谷得二石足矣，一亩之地而树木所入数十石。岁有水旱，菽麦易伤，榛、栗、柿、枣，不俱残也。年丰贩易，岁凶疗饥。五行之用，不剋不生。今树木稀少，木不剋土，土性轻扬，人物粗猛。若树木繁多，则上不飞腾，人还秀饬。

---

* “士”应为“事”。

** 贺长龄、魏源《皇朝经世文编》卷十二《户政·农政中》收俞森《种树说》“补八利之七”：五亩之宅，树之以桑，宅不毛者有里布。今汴州四野之桑，高大沃若，若比户皆桑，大讲蚕务，其利七。俞森：浙江钱塘人，监生，巡理河南通省，河道提刑按察使司佥事，康熙二十六年（1687）任，后至湖广布政司参议。著《荒政丛书》。

嘉庆《禹城县志》卷七《官守志·循良》

元，县尹，刘事义。莘仲张翼撰去思碑，略曰：尹名事义，字伯宜，世为济南人。由都省东曹，知官差除掾，迁大都酒使司提举。至元二十八年职满，出尹禹城县，县为曹州理，所异，时徭赋皆取决吏手，上下推移，贫富易位，大为民害。尹覈实丁力畜产，列为等差，或损或益，咸称平允。时方春和力于劝课，赍行粮，就食民家，见田父野老，勉其耕桑，为衣食本计，人由是感悟，皆以树艺为急。积三岁，计花果群木二十四万余许，野无旷土。亲属争讼者，即以恩义反复开论，率皆愧服，自求解去。建社学八十区，额外佐吏，悉资遣入学为生员。率僚朔望会集，敦劝后进。风俗为之一变，邑去州治几六百里，凡督责期会之事，靡不办集。而自始至终，杜门却馈，一廉如水。己亥秋，境内产嘉禾，一茎九穗，表进于朝，善政所感也。尹工诗，甲出时辈，有声海岱间。《旧志》

宣统《山东通志》卷一六一《历代循吏》

刘事义，字伯宜，济南人。至元二十八年，为禹城尹，时徭赋颇不均，因覆其丁力畜产，列为等差，或损或益，最称平允。每春令循行乡鄙，劝课农桑，人皆知树艺为急。积三岁，计花果群木二十四万余株，野无旷土，生计遂纾。亲属争讼者，以恩义反复开导，皆愧服，自求解去。建社学八十区，额外佐吏，悉资遣入学，风俗一变。己亥秋，境内产嘉禾，一茎九穗，人咸谓由善政所感。《济南志》

临邑县

民国《山东各县乡土调查录》

临邑县：蚕桑，境内桑树约共二百余株。

同治《临邑县志》卷七《宦绩》

王缙，大同山阴人。成化十九年到官，指天自誓，保护百姓如婴儿。课民艺桑饲蚕，曰：无惰农易，无惰妇难。傍邑有诬服巨盗者，直指以属缙，缙讯无左证为原其罪，直指复属他县令，覆讯他县令，遂论死，如干人，而缙罜吏议罢。去未几，真盗坐他杀人事发，案验前事各有据，当事乃大，直缙而削他令级，于时邑人称为王佛，又曰：镜王，谓慈，而且明云。

同治《临邑县志》卷二《地舆志下·风俗物产》

《邢志》：桑枣连畛，屋瓦鳞次。

木植类，桑。枲类，丝。倮畜类，螈蚕、棘蚕。蚕靡不绩。

平原县

《旧县志》 家务农桑，诚慤无党。按，《新志》云：地鲜树桑，久无蚕事，田多硝碱，非得雨则种植不出。《唐志》：土贡绵绫，今无有也。又云：障水莫要于固堤，固堤莫先于植树。盖有复古之思焉。唐，岑参《送颜平原》诗云：鱼盐隘里巷，桑柘盈田畴。*明，阴玺，荥阳人。成化中，任平原，莅政严肃，学校农桑咸加意焉。又，卢恭，江西萍乡人。正德中，任，植树万余株，以荫行人。

道光《济南府志》卷三十六《宦迹》

阴玺，河南荥阳人，举人。成化间，知平原县。莅政严肃，学校、农

---

* 《送颜平原》并序：十二年春，有诏补尚书十数公为郡守。上亲赋诗觞群公，宴于蓬莱前殿。仍赠以缯帛，宠饯加等。参美颜公是行，为宠别章句。天子念黎庶，诏书换诸侯。仙郎授剖符，华省辍分忧。置酒会前殿，赐钱若山丘。天章降三光，圣泽该九州。吾兄镇河朔，拜命宣皇猷。驷马辞国门，一星东北流。夏云照银印，暑雨随行辀。赤笔仍在箧，炉香惹衣裘。此地邻东溟，孤城吊沧洲。海风掣金戟，导吏呼鸣驺。郊原北连燕，剽劫风未休。鱼盐隘里巷，桑柘盈田畴。为郡岂淹旬，政成应未秋。易俗去猛虎，化人似驯鸥。苍生已望君，黄霸宁久留。

桑，咸加意焉。

乾隆《平原县志》卷六《职官》

阴玺，河南荥阳人，举人。成化中，任，莅政严肃，学校、农桑，咸加意焉。按《建置志》，桃园驿下作殷玺，未详孰是。

卢恭，江西萍乡人，由监生任。《一统志》，正德中任劝农敷教，爱养黎元。建置仓廒，积谷二万余石，以备旱涝。植树万余株，以荫行人，当时比之甘棠。

乾隆《平原县志》卷一《疆域·风俗》

《省志》云：人多忠勇，家业农桑，风俗淳厚，诚慤无党，正此谓也。《旧志》地鲜树桑，久无蚕事，而纺棉织布，或织线毯线带。近时士夫家闺阁亦然，民间则男子亦共为之，此其勤作可喜者也。

乾隆《平原县志》卷三《食货·物产》

《唐志》所云：土贡绢绫。于今求之，实无有也。但纪土宜所有，庶无征杜若于坊州者乎。《恩县志》云：成化间，参政唐虞，令种桑枣等树，赡给贫民。迄今夏寨等处，树木茂盛，枣梨桃李之属，获利颇多，皆唐公遗惠也。今按马颊河、西临河一带，止自梅家口、董路口，南至津期店，凡五六十里，为恩平两县接壤之地。杏花繁盛，桃李缤纷，合抱之木，数寻之材，所在皆是。每春日游憩，众香迷路洵胜地也。夏间兼得果实之利，大抵皆自唐公启之。又马颊河东岸堤外皆县地，枣树最盛。

民国《续修平原县志》卷五《职官》

姚诗志，字叔言，广东番禺举人。光绪二十六年，任县令，甫下车，值拳匪倡乱，洋兵逼吴桥，民情惶惑，诗志力辟谣诼，民恃以无恐。急和议成，因县境教案洋教士索赔八千二百串，仓卒莫措，乃于仓谷变价项下暂挪应付。俟年丰始缓，劝积谷以归仓，民甚德之。其听讼也平情判断，威而不猛，绳胥吏以法，过虽小必惩。仁闻传于道路，每公出，贫民攀舆乞粮者不绝，递增额外孤贫粮逾千。在任六年，增学堂三十余处，捐资七百余金，购置书籍以备学校参考。先后修南关三义庙，文昌阁，重修节孝祠，修理四城门及董路口大桥等工，百废俱举。又以县境民智未开，不讲实业，乃于淳熙寺傍，辟苗圃以种桑。又觅工师赴乡，教人编麦楷为辫，而犹其价以收之，或曰：转售难得原值。则曰：为民兴利，亏本奚恤。其实心为民如此。去任后，邑人立碑以志德改。宋奎光采访

陵县

《县志》 务农桑，习尚敦厚。

宣统《山东通志》卷四十《风俗》

地土沃衍，民务耕桑，士气尚节，概不为党。《济南志》

光绪《陵县志》卷九《风土志》

陵县于古为齐地，班书谓齐俗夸侈，织作绔绮绣纯丽之物。而《元和郡志》亦言，德州贡以绫，赋以绢绵。今陵人无织绫绢者。

光绪《陵县乡土志·物产》

桑，陵境土性碱卤，种植不易长成，故种者少。

光绪《陵县乡土志·政绩录》

赵王槐，字者廷，江苏常熟人。乾隆三十四年，摄陵县令，趋农桑，勤听断，赫然有政声，未久去。三十六年复来摄，延接士民，勤询民隐，民以地多斥卤，而陵赋素重，不能供亿，因及何叶二令请减漕额事。王槐以前议，既格不行，未可再渎，乃履亩勘碱场地三万六千八百余亩。请之大府，得旨允免民租五千五百余石，以次实授，百姓迎者数千人。于是申保甲，斥盗贼，诘奸猾，吏治肃然，士民爱戴，为立生祠于颜公祠。陵邑故多循吏，其悃愊无华，以实心行实政，尤推王槐第一云。

长清县

《县志》 民种菜茹，勤纺织。元，高伯温，上都人。至元间，为长清尹，课民树桑至十七万株。民乐其业，立石颂之。按，亩种百桑，计田一千七百亩，五桑出丝一斤，岁出丝三万四千斤，值价八万缗。若通省百七州县皆如此办理，则岁增千万不难矣。或疑树桑何以能若是之多，曰：毋疑也。唐甄*《权实篇》云：昔者，唐子之治长子也，其民贫，终岁而赋不尽入。璩里之民，五月毕纳利蚕也。乃遍询于众曰：吾欲使民皆桑，可乎？皆曰：北方之土不宜桑，若宜之，民皆树桑，无俟今日矣，遂已。他日游于北境，见桑焉，乃使民皆树桑，择老者八人告于民，五日而遍，自往告于民，二旬而遍，再出遇妇人于道，使人问之，曰：汝知知县之出也，奚为乎？曰：以树桑。问于老者，老者知之，问于少者，少者知之，问于孺子，孺子知之，三百五十聚之，民无不知之者。三出入其庐，慰其妇，抚其儿，语以璩里之富于桑，不可失也。一室言之，百室闻之。唐子曰：可矣。乃使璩民为诸乡师，而往分种焉。日省于乡，察其勤怠，督赋听讼，因之不行一檄，不挞一人，治虽未竟也，乃三旬而得树桑八十万。**此篇从今闽藩，前山东护院贺耦耕先生所辑***《皇朝经世文编》中录出。

//

民国《山东各县乡土调查录》

长清县：蚕桑，养蚕者日多，惟仍沿习土法，故不甚兴旺。全境桑树约三万五千株，出丝约三万五千两左右。

道光《长清县志》卷二《地舆志下·风俗·物产》

邑之南，多园圃，则种菜茹。邑之西，多木绵，则勤纺织。

枲，丝，其织为布，为绢。木，桑、柘。

宣统《山东通志》卷百三十六《艺文志十·农家》

《长清县志·人物志》，选举，注称所著有《农业浅说》、《训女篇》、《养正要规》、《启蒙六种》、《周易悬镜》、《说文标目》，芷于家。

---

* 贺长龄、魏源《皇朝经世文编》卷三十七《户政·农政中》收唐甄《教蚕》、《惰贫》；卷七《治体·原治上》有《权实》、《富民》、《尚朴》等多篇。唐甄（1630—1704），明末清初的思想家和政论家。初名大陶，字铸万，号圃亭。四川省达州人。著有《潜书》。

** 《潜书·下篇上·权实》：“长子，小县也，树植，易事也。必去文而致其情，身劳而信于众，乃能有成。”

*** 贺长龄（1785—1848），字耦耕，号西涯，晚号耐庵，湖南善化人，祖籍浙江会稽。清代政治人物、理学家。道光时历任江苏、福建、直隶等省布政使、贵州巡抚、云贵总督等职。道光元年（1821），出为江西南昌府知府。历山东兖沂曹济道、江苏按察使，江苏布政使、山东巡抚、江宁布政使等职，乞归养亲。道光十五年，母丧服阕，补福建布政使，调直隶。道光十六年，擢贵州巡抚，治黔九载，平息民乱，振兴文教。道光二十五年，擢云贵总督，兼署云南巡抚。期间因平定永昌回族反清运动不力，降补河南布政使。道光二十七年，乞病归，又被前事追究，革职。次年卒。

《长清县志·艺文志》，卷十五，邑人著述，子类，题《农业浅说》。《校经室文集》卷六，长清周君墓志铭，书名题《农桑浅说》。

《农桑浅说》，周彤桂撰。彤桂有二千文，注释见经部小学类，是书见《校经室文集》。

道光《济南府志》卷三十四《宦迹》

元，高伯温，字仲良。燕人殳裕，兴州知州，以扈驾之上都，因家焉。伯温潜心儒学，初为成均生员，有制利用监辟为幕下史，进掾宣政，历三考，调东平路知事，进秩受白麻，拜提点规运使。时朝廷注意守令，以其廉能有声。至元丙子岁，拜长清尹，抵任绾印，视事气爽神清，剸剧剔蠹，薄书期会，鞅掌纷如，悉剖以义，累年积弊，一切振革，修学校，明人伦，英髦济济，若古君子之乡。尝裹粮间出，劝农课桑，计植桑一十七万七百株。立义仓一百所，积粟一千二百二十斛。招抚流民五百一十九户。境内潴水没田百顷，为之立表。相地开渠导水，地悉为膏腴。时监司吏法，民将失业，乃白大州达于朝廷，克复旧章，民赖以安。后秩满，邑人立碑，颂其德。

道光《济南府志》卷三十八《宦迹》

李佺，江南怀远人，举人。雍正初，知长清县，整学校，劝农桑，于读法乡饮，实兴诸大典，无不举行。民有善行，给匾奖励。兴利除弊，勇于有为。凡有关风化者，恒形诸文词，以垂久远，续刊《县志》，未完，解任去。

道光《长清县志》卷三《职官志·历任》

李宗延，河南汝宁人，进士。万历二十年任，有德政，行取浙江道，监察御史。修学校，捐置学田，建常平仓，置地增屋，赡养济院，改城隍庙大门，始创《县志》。传李宗延，号崧毓，河南汝宁人，由进士来莅清土，视事之日，以法度，敕诣曹，以农桑课百姓，笃培学校，捐俸金，置学田，为赡士，资邑所最苦者。

卷二

东昌府

《府志》 阖境桑麻，男女纺绩，以给朝夕。三家之市，人挟一布一缣，易儋石之粟。明，李举，山西振武卫人。弘治间，任东昌知府，农桑水利，罔不振举。国朝，孙元衡，桐城人。康熙中，任东昌知府，劝课农桑，祀名宦。又，杨朝正，藩阳人。康熙间，任东昌知府，八年诚心为民，后人追思善政，勒于石，一曰：劝农桑。

康熙《山东通志》卷八《风俗·东昌府》

其民朴厚，好稼穑，务蚕织。元《濮州志》家习儒业，人以文鸣。农桑务本，户口殷富。《郡志》

康熙《山东通志》卷九《物产》

东昌府。平䌷，出博州，今东昌也。见唐宋贡物。

宣统《山东通志》卷七十六《职官·宦迹三》

孙元衡，安徽桐城人，贡生。康熙间，知新城县，修桑公堤、龙湾套堤、孝妇河堤，并续补《邑志》二卷。擢东昌知府，劝课农桑，作养士子，严惩输之法，减浮额之羡。在任二年，吏民咸称之。祀名宦。《旧通志》、《济南志》

杨朝正，字匡斋，汉军镶白旗人。由侍卫出知东昌府，既至，访民间利病，锐意兴革。临清旧有额外银米税，减归正赋，而去其目。改东昌浚河额夫为均役。春秋遍历郊野，课农桑。岁暮访年高者，厚赉之，其贤者尤敬礼焉。东阿教谕王璜事继母孝，岁救饥民数百，监生崔允璧建桥及同济闸，设两渡船，并旌其门。民有蠲金治道者，置酒劳之，由是人争向义。府治西南地洼下，遇大雨泛溢五六十里，溺者众，因自蠲八百金，并大石桥三治道六十丈益增堤御水，水患息。康熙二十四年旱，发仓平粜，

蠲金煮粥，王璜、崔允璧等各蠲米数百石为赈，民得不害。卒祀名宦。《国朝先正事略》

宣统《山东通志》卷七十二《职官·宦迹七》

李举，字大聘，山西振武人。弘治进士，由兵科给事中，外除知东昌府。简重沉毅，有所兴革，不避浮言，如农桑水利、屯田、马政罔不振举。暇进诸生讲艺，竟日忘疲。建奎光楼于学宫，置书史千卷以惠士林。官至山东参政。

嘉庆《东昌府志》卷二十《名宦》

杨朝祯，字简侯，沈阳人。康熙三十一年，由浙江盐运分司升东昌知府，在任八年，与巡抚不合，去。为人慈祥恺悌，诚心为民，后人追思善政，勒于石者十二条，大约尊高年，课士子，劝农桑，清保甲，均夫役，悯灾黎，息狱讼，奖善类，平市粜，清榷弊。凡有施赈必捐俸，为一郡先，人人自劝。向有临米临银，皆别征之民，大扰，朝祯为归条编配。某氏有贤德，训子严。乙亥大旱，母子焚香，告天日，知府有罪，自宜大谴，无灾我百姓，即日大雨如注。五十五年，公举入名宦祠，别有专祠，在运河南岸。

嘉庆《东昌府志》卷四十八《艺文·诗》

（明）朱旛，《茌山行》：水旱频仍兵燹寻，城郭人民大非故。有地抛荒崇菅茅，有屋弃置空垣壕。桑柘斫残榆杏废，百里极目惟荒郊。

嘉庆《东昌府志》卷四十六《物产》

阖境桑麻，男女纺绩，以给朝夕。三家之市，人挟一布一缣，易儋石之粟。紬纩，惟冠县之清水称良。

木有樗、桑有椹、柘。货有绵白紫二色、丝布、绢、紬。

乾隆《东昌府志》，卷五《地域二·方产》

《禹贡》兖州，蚕桑。……隋《图经》云：清河绢，为天下第一，亦未必然。其土贡，《禹贡》有漆丝。今漆不闻有产也。唐时，博州其贡平紬、绫、绉、绢。

聊城县

《府志》 明，李梦阳《聊城歌》聊城累累枕桑野。*

民国《山东各县乡土调查录》

聊城县：蚕桑，乡民饲养家蚕，仍用土法。已设桑园二处，共植桑一千三百株，每年出茧约七十余斤。

光绪《聊城县乡土志·商务》

京货绸缎、布疋、韡帽等物均有，省城周村贩来，岁售。

《蚕桑速效编》曹倜，光绪二十七年**

山左风俗，务农之家，收获之余，毫无生计。无论水旱风灾，举家失望。即年歌大有工本以外，所剩无多。窃思民情困苦，生计维艰，欲有以振兴之则功效最速者，莫如蚕桑。己亥岁，倜以丁艰旋里，见种桑育蚕之家获利甚钜，每年一邑所出之茧，售银已逾百万。询其由，则吴茂才孔彰之力也。孔彰为江邑善士，因见乡人性多守旧，风气未开，于是手自种桑，分秧邻里，并聘蚕妇，招缫师，讲求育蚕作茧之法，手口经营，孜孜不倦。撰蚕桑诸说，实力劝导，俾得家喻户晓，阖邑仿行。不十年，而乡无废田，里多富室，洵救荒之善策、治贫之良方也。今者时局艰难，亟图补救，民为邦本，培养宜先。况自通商以后，丝价桑叶之昂，尤为历来所未有，即谓素非所习，骤难缫丝，何如先试种桑，以期致富。夫致富之原待人，而辟种桑，获利在二三年后，穷檐计入为出，且乏资本，遂使致富之术，因循坐废，良可惜也。倜

---

* 李梦阳《聊城歌送顾明府》诗云："聊城累累枕桑野，使君怀古聊城下。蛟龙惨淡七雄关，当时谁是排纷者?海东隐沦难见面，平原不见安平见。已闻笑却邯郸君，还遗书飞燕将箭。半生急难轻列侯，功成岂必千金酬?只今往迹浮云尽，遥瞩沧溟日暮流。"

** 曹倜，江苏江阴人。字远模，附贡生，山东宁阳县知县，补潍县，历署聊城、冠县、长山、新泰县知县，平度州知州。（民国《江阴续志》卷十三《选举》）。光绪二十四年（1898）知冠县，光绪二十八年知长山县，光绪三十二年知宁阳。

因推广吴君所著论说，考证东省土性之宜，并附列潍县陈绅所著《劝兴蚕桑说》汇为一编，名曰:《蚕桑速效编》，以公同志。倘能广为劝导，实力推行，俾东省务农之家益以蚕桑之利。行见地无旷土，野鲜游民，因利而利，其利乃大，而且久。将来商舶毕至，铁轨通行，丝业之盛，可跂而待。然则农学之要图，即商务之嚆矢，凡为民牧者，岂无意乎。辛丑三月江阴曹倜谨识。

劝兴蚕桑说附

衣食为生民之本，农桑皆大利之源，知耕而不知织，使地有余力，人无余利。一家老幼裋褐不完，徒袖手而叹生财之无术，岂不可惜。《禹贡》兖州，载桑土，既蚕。《史记》曰：齐鲁千亩桑，维桑与蚕。东省土地之宜也。考蚕有八种，绩不一时。一曰：蚖珍，三月绩。二曰：柘蚕，四月初绩。三曰：蚖蚕，四月绩。四曰：爱珍，五月绩。五曰：爱蚕，六月绩。六曰：寒珍，七月末绩。七月四出蚕，九月初绩。八曰：寒蚕，十月绩。各处饲者，春蚕居多，其性喜静，喜暖，恶风，忌湿。初生日，喂三次，多则伤食病死。触污秽，则蚕瘟。饲养如法，不过三十余日，即可成茧，获利最速，尤最厚。余尝行役至苏州南，偏见其务蚕之日，男女萃力，昼夜无间。其茧既成，舳舻满载，街市如山积，闽番海岛，载银而至，堆如瓦砾。方千里之地，每岁有数十百万之益，是以其田赋虽重，苏州一府上地每亩征粮三斗七升，加私耗节罗等费，计石米加费四倍，一亩之租不能办一亩之税。其室家恒丰，则蚕为之也。顾欲养蚕必先种桑，种桑之法，春分前后各十日，将桑枝长而旺者，横压土中，上掩肥土约二寸许，半月萌芽，半年即高四五尺。经雨后，剪开移栽，锄粪以时，叶肥而茂，年年锄，年年喂三年即可饲蚕。夫至可以饲蚕，则利兴矣。然而，凡民难与图始，开创赖有先资，诚使文人学士力为劝导，殷实之家首先倡种，俾人亲见其利之大，人人谋利，即家家种桑，家家得利。即村村种桑计，潍邑四境千零八十六村，四十三万五千户，户种二十桑，可饲蚕五箔。按箔长丈二尺，宽五尺，蚕初生重一钱，长大可满一箔，每箔得丝一斤，通计得丝二百十七万五千斤。每斤京钱六千，可得京钱千三百零五万千，其有户无土者，减去十分之三，尚得不下千万千。苟同心共力，亦如苏州之务蚕，则岁之所入，何多让焉。且树多妨稼，桑不妨稼，陇头道傍，屋角园边，一隙之地，皆能生殖。况耕有水旱之虞，而桑无虞，田有什一之征，而桑无征。实可酿酒，柴可为薪，皮可为纸，霜叶又可以治疾，喂羊。夫使地无不毛之土，人享非常之利，未有便于此者也。耕而不织，伊胡为者或曰：种棉纺织与蚕桑等。不知棉性虽宜硗，确究占地利，布之价又贱于帛，如谓棉之用广，则种棉而兼种桑，其利不更溥耶。方今烟台海口，番舶云集，收买丝绵，价值日增，时哉，弗可失，今日之谓矣。同治癸亥，赋闲家居，窃见农家者流，终岁勤动，而生财之道阙如也。因采辑前言，连缀成篇，以为吾邑劝。如各府县有争先行之者，则又幸甚。古北海郡闻昉陈子敏著。

堂邑县

《县志》 宋，黄庭坚《过堂邑寄耿几父》诗云：陵陂青青麦，烟雨润桑麻。自非耿令君，大泽荒蒹葭。*

康熙《堂邑县志·杂志》

明洪武间，尚书郭公敦家，群蚕合结一璽环，如金带。谚曰：春蚕性巧，见物成形。信然哉。此璽近为李侯廷臣并，郭氏三代诰皆取去。

光绪《堂邑县志》卷十一《名宦》

宋，耿几父，其事不见于史传，但相传熙宁间。县数罹河患，有耿令者始迁。今治及考之黄庭坚《过新堂邑寄赠耿几父》诗，乃知其大凡。然几父亦是其字，其名不得而详矣。黄诗云："……陵陂青青麦，烟雨润桑麻。自非耿令君，大泽荒蒹葭。"

《蚕桑辑略》，吴书年，光绪七年新镌，山东东昌府堂邑县城西张家屯张驭富刻

---

* 黄庭坚《寄耿令几父过新堂邑作乃几父旧治之地》：呼船凌大河，驱马踏平沙。道旁开新邑，千户有生涯。四衢平且直，绿槐阴县衙。问谁作此邑，耆旧对予嗟。前日耿令君，迁民出坳窊。始迁民怀土，异端极纷拏。既迁人气和，草木茂萌芽。桃李虽不言，春风满城花。陵陂青青麦，烟雨润桑麻。自非耿令君，大泽荒蒹葭。白头晏起饭，襁褓语呕哑。自非耿令君，漂转随鱼虾。岂弟民父母，不专司敛赊。令君两男儿，有德必世家。问令今安在，解官驾柴车。当时舞文吏，白璧强生瑕。令君袖手去，不忍试虎牙。人往惜事废，感深知政嘉。我闻耆旧语，叹息至昏鸦。定知循吏传，来者不能加。今为将军客，轩盖湛光华。幕府省文书，醉归接䍦斜。怀宝仁者病，偷安道之邪。勉哉思爱日，赠言同马楇。

博平县

《县志》 明，刘桐，赞皇人。隆庆初，知博平，劝课农桑，如家人父子，壶飧不以烦里社。去官时，阖邑攀送。

//

宣统《山东通志》卷七十二《职官·宦迹七》

刘桐，字凤梧，赞皇人。隆庆元年，知博平县，躬行阡陌，劝课农桑，蔼然如家人父子，壶飧不以烦里社。豪疆梗化必置之法，如北运军官之掊克，南征将士之陵轹，进贡宦竖之骚扰，皆毅然以身捍庇之，闾阎相安无事。待士以礼，情谊尤治。

道光《博平县志》卷四《宦业》

刘桐，字凤梧，直隶赞皇贡士。隆庆元年，知县事，为政简易，务存大体，不事苛察，剖决无留滞。至于豪强梗化辈，则必寘之法。且急于恤民患，诸如北运军官之掊尅，南征将士之凌轹，进贡宦竖之骚扰，辄毅然以身捍庇之，虽怨归于己弗顾也。待士以礼，情谊最洽。以内艰归邑，士民遮道相送，绎络不绝，号哭之声，感动行道。有去思碑。

康熙《博平县志》卷五《物品志》

木之属。有桑柘，可以饲蚕。虫之属。陆有蜂、蚕。其中蜂、蚕为瑞，而蚕尤瑞，故黄帝命元妃西陵氏亲桑以饲之。货之属。有丝绵、胡绵、黄绢、绵紬。

康熙《博平县志》卷四《民风解》

丈夫力耕作，以供赋。妇人勤纺织，以营衣。

茌平县

《县志》 人多淳厚，而务农桑。明，吉庆，河南荥城人。正统间，知茌平县，劝农桑，广积储蓄。民立石颂之。

民国《山东各县乡土调查录》

茌平县：蚕桑，境内所种桑树五百余株。

嘉庆《东昌府志》卷三《风俗》

茌平县。民务农桑，士尚诗礼。凡婚丧之类，互相佽助。习俗虽劲悍，而亦敦好礼义。《县志》

康熙《茌平县志》卷一《风俗》

地近圣居，重礼教而矜名节。人多淳厚，好文学，务农桑。质直怀义，有古风烈。《隋志》民务农桑，士尚诗礼。凡婚丧之类，互相资助。习俗虽劲悍，而亦敦好礼义。《旧志》

宣统《山东通志》卷七十二《职官·宦迹七》

徐淮，字百川，湖广襄阳人，景泰癸酉举人。成化时，知茌平县。时旱潦相继，饿莩在野，逋散者十室九空，发仓出粟，闻赈咸集，全活甚众。暇日躬历阡陌，视荒芜者，贷以牛种，其年收入官庾米麦万有余石。又取在官花绒，劝民纺织于农隙。修治桥梁道路，兴学课士，始终不怠。有男女及期，而无力婚嫁者，佽助之。招抚流民，计口多寡，给与鸡用不用豚衣粮，复业者万有六十余口。盗贼屏迹，居民安堵。

康熙《茌平县志》卷二《循良》

（明）戴文郁，督农桑，建学校。

（明）吉庆，辟田均赋，尝招集百货人，授一廛以居，商民称便。擢监察御史。

乾隆《东昌府志》，卷三十四《宦迹二》

吉庆，荥阳举人。正统间，知茌平县。辟田均赋，常招集百货人，授一廛以居，商民便之。鼎建庙舍，不扰坊市。擢监察御史。

清平县

《府志》 清平，飞沙弥漫，然民饶桑麻之利。

民国《山东各县乡土调查录》

清平县：蚕桑，全县桑树一万八千余株。养蚕系用旧法，每年出茧约一万斤上下。

嘉庆《东昌府志》卷三《风俗》

清平县，邑旧割博平县之灵明寨，居民才数百家，土垣茅屋，四郊平沙曼衍。俗近朴约，城以西多士族，人磊落阔达，足智。《万历旧志》

宣统《增辑清平县志》卷十二《耆旧传》

刘润，字雨亭，康家庄人。幼瑰异，年少补武生，比长膂力过人，尤精武略。乾隆三十九年，甲午逆匪王伦滋事，康家庄当临清之冲，人情汹汹，皆思匿逃。润以一身捍卫一庄，募勇夫百余人，昼夜防守，经旬不懈。九月二十四日，贼匪败逃康家庄，润乘间掩捕余众，一庄人赖以无恙。丙申秋，知县张玉树，以地多斥卤，论植荆柳。润广其意，茧足走蒙阴，得养蚕法，植槫数百株，试为蚕茧，累累若贯珠，今民犹傚法为之，知县张玉树以豳风遗意题其门楔。

民国《清平县志·实业志一·物产》

虫属种类至繁，惟作茧之蚕。木材属，柘、桑。果食属，桑椹，结椹甚甘，惟叶脆不宜育蚕。

莘县

《县志》 明，刘永，滦州人。景泰初，任莘。每春巡行阡陌，劝课农桑，秋则劝民积菜，以御冬。虽粗粝，亦尝其旨否，如家人父子。升泗州知州。又，钱光泰，大兴人。任莘令，劝课农桑，设立乡约，时时为民讲谕，擢东兖道。

嘉庆《东昌府志》卷二十二《名宦》

刘永，滦州监生。景泰五年，任莘令，律己恭勤，待民仁恕，修举废坠。每春巡行阡陌，劝课农桑，秋则劝民积菜，以御冬。虽粗粝，亦尝其旨否，如家人父子。升泗州知州。

钱光泰，大兴人。崇祯十五年，任莘令。时值兵荒，劝课农桑，设立乡约，时时为民讲谕。擢东兖道。

光绪《莘县志》卷三《食货志·物产》

枲属。绵、丝、麻、棉，其织为绢，为缣，为布。木属。柘、桑。

嘉庆东《昌府志》卷三《风俗》

士风淳笃，男女勤于耕纴。《万历旧志》

冠县

《府志》 紬纩，惟冠县之清水称良。元，至顺二年，冠州有虫食桑四十余万株。按，志乘于虫食桑、陨霜杀桑，屡书不一，书重蚕桑也，兹不赘载。桑四十余万株，计田四千余亩，岁出丝八万余斤，值二十万缗。但言食桑而不言食尽。食者，计数如此，其未食而取以饲蚕者之多，盖不可胜数矣。

民国《山东各县乡土调查录》

冠县：蚕桑，养蚕者约二百户，皆系家蚕。桑树约二千五百株，产茧二千余斤。

光绪《冠县志》卷一《风俗》

河北路，茧丝织纴之所出，任性质厚，少文多专经术，大率气勇尚义，号为强《宋史·地理志》。人多读书，男勤耕播，女勤纺织。人知孝义，丧祭以礼。《郡志》

光绪《冠县志》卷六《职官志·宦绩》

（清）胡如瀛，字海屿，上虞举人。亲巡阡陌，劝课农桑。岁旱徒步十余里，虔祷三日，雨泽渥霑。听讼明决，遇匪徒严惩之，人咸服其公允。重修关帝庙，捐施棺木。尤喜奖励士子，训课不倦。己酉、壬子，两膺同考官，所取如聊城叶葆海、李士衡，乐陵史谱，多知名士。

道光《冠县志》卷十《杂录志·祲祥》，民国刊

至顺二年，冠州有虫食桑四十余万。

民国《冠县志》卷三《物产》

木类。桑、柘、椿。蚕，淮南王《养蚕经》曰：黄帝元妃西陵氏始蚕，盖黄帝制作衣裳因此始也。厥后，禹平水土，桑土既蚕，其利渐广焉。是以蚕桑之利为吾国所独有，自海禁大开，外国蚕务精益求精，中国不知改良。且近来人心好尚，日趋于舶来品，舍祖国之丝帛不用，而专用外洋之毛织、大氅，以为美观，良可慨也。帛类。绵紬、茧紬。

民国《冠县志》卷六《职官志·宦绩》

李文耕，字复斋，云南昆明阳州人，壬戌进士。初任邹平，调繁莅冠，勤政爱人，殚心教化，于宽一分，民受一分之赐之理。……在任年余，劝农桑，清保甲，息狱讼，禁禣塞，历历善政，舆情悦服。迁胶州牧。去后，邑人思之。

彭翊，清进士。咸丰四年，任冠县。当乱后，土地荒芜，时躬赴乡村，劝农课桑，溷迹耕馌，有古田畯风。乡民尽力耕作，五谷丰登。邑感其德，于今称之，祀遗爱祠。

民国《冠县志》卷十《杂录志·异闻》

河北孙家庄朱姓坟上有古桑一株，高数丈，约两围余。相传二百余年，树叶大如扇，茂密千章，能避四五寸雨，人乘凉于下。近今树枯叶落，两枝直冲，如人之两腿。丁卯春，适大风摧动一枝落地，朱姓拾携至家，其木自燃。又有拾去一枝，用以炊饭作咋咋声，釜崩米焦。来稿

馆陶县

《县志》　农桑务本，户口殷富。馆陶尹李藻，去思碑云：课农植桑枣杂果，视旧加数倍，仍严盗斫私卖之禁。又，元，沈瑀为馆陶尹，民

一丁课种桑五十株及枣栗树，久之成林，民享其利。著有《政说》一篇。按，五十株出丝十斤，值二十余缗。阖邑以十万丁约计之，则岁出二百余万缗。《南史》云：沈瑀为建德令，课一丁种桑十五株，柿梨栗四株，女丁半之，名同事同，而课树之数目小异。*

宣统《山东通志》卷四十《风俗》

士习诗书，尚礼义。民朴实，无浮华。《旧通志》

家习儒业，人以文鸣。农桑务本，户口殷实。《旧府志》

嘉庆《东昌府志》卷三《风俗》

家习儒业，人以文鸣。农桑务本，户口殷富。《旧志》

光绪《馆陶县乡土志》卷八《物产》

概天然之动物也，下及蚕、蜂之类，皆其无限之生机，即各寓无穷之制造。木之品，桑，箕星之精。叶可饲蚕。子名椹，可食，酿酒亦佳。

民国《馆陶县志·政治志·实业》

桑，箕星之精。落叶乔木，叶为卵形，肥大。叶可饲蚕，经霜者入药。实曰：葚。熟可食。皮可制纸，木可制农具什器。此种植于庭园或野地。近虽经劝，道植桑饲蚕，然以地质未尽适宜，仍未进步。蚕，环节蠕动，胸腹及尾有足六对，吐丝晚。蚕矢入药，燥湿去风，为农家益虫。此种虽食桑叶，全境未甚发达。

乾隆《馆陶县志》卷九《名宦》

李藻，字子洁，颍川人。顺帝时，为馆陶尹。民相讼，召两造，谕以礼让，往往悔谢去。先是县民输税，为揽纳者所困，藻为严禁。河溢堤决，督丁夫塞之。又上章乞蠲，租罢税市绫二千余疋。上官行县，咸嘉叹。移疑狱鞫之前后以十数。后病归，民泣留满道。

沈瑀，馆陶尹。民一丁，课种桑五十株，及枣栗等，树久之成林，民享其利，思之不忘。著有《政说》一篇。

---

* 乾隆《廉州府志》卷九《农桑》：饲蚕以桑为要，沈瑀为建德令，教民一丁种桑十五株，女丁半之，数岁成林，人皆欢悦。（《南齐书》卷五三《沈瑀传》）

恩县

《县志》 明，唐虞，成化间参政。令种植桑枣等树，赡给贫民，至今获利。马颊河一带，自梅家口，至津期店，凡五六十里，为恩、平两县接壤，合抱之木，数寻之材，大抵皆唐公启之。*

民国《山东各县乡土调查录》

恩县：蚕桑，养蚕者日见其多。计全境桑树共二万余株，每年出丝约在一万两左右。

宣统《山东通志》卷四十《风俗》

邑故前代雄郁，有人文。岁困驿使，里井萧骚。其俗敦重，无狙犷之习。士人魁岸踔厉，不背公植私。《东昌府志》

俗近敦庞，家知礼让。秀者习儒业，朴者务农桑，古风未尽泯也。《恩县新志》

嘉庆《东昌府志》卷二十《名宦》

杜纂，字荣孙，常山人。明帝初，拜清河内史。性俭约，尤爱贫老，问人疾苦，至有对之涕泣。劝督农桑，亲自捡视，弔死问生，甚有恩纪。正光末，清河人房通等三百人颂纂德政，乞重临郡，诏许之。《后魏书·本传》

曹维翰，威远举人。康熙五十一年，知恩县。兴学校，重农桑，与民休息。有生祠。

宣统《恩县志》卷六《秩官志·名宦》

杜纂（见嘉庆《东昌府志》卷二十《名宦》）

曹维翰（见嘉庆《东昌府志》卷二十《名宦》）

李维诚，字恂伯，顺天大兴县人，祖籍江苏阳湖县。光绪二十四年，

* 乾隆《平原县志》卷三《食货·物产》亦转述。

以进士知恩县事。性宽和，恤民爱士。先后在任九年，创工艺，劝农桑，重修文庙，改立学堂，风气赖以开通。升临清直隶州。去之日，攀辕卧辙者，接于境外。

雍正《恩县续志》卷之三

曹维翰，贵州威远举人。康熙五十一年任，屡修学宫，好文爱士，重农桑，缓催科，与民休息。民立生祠。

嘉庆《东昌府志》卷十《恤政》

恩县：桑枣园，在各里。成化二十三年，参政唐虞设立，种植桑枣，赡给贫民。《县志》

高唐州

《通志》 元，至元间，尹利用，知高唐，奏请桑田百亩养士。按，百亩种桑万株，岁出丝二千斤，值五千缗。若通省百七州县，皆如此办理，岁可五十余万，养士隆矣。桑田见于《卫风》，又见于《齐书》。齐河清中定令，丁给永业二十亩为桑田，种桑五十，根间以榆三根、枣五根。

《州志》 民务农桑，俗尚节俭。高唐千朵忽都政绩碑云：田野开辟，桑麻交荫。我行其野，农熙于亩。靡田不桑，无地不耨。我行其市，商贾辐辏。茧丝之饶，交相易贸。又，吉士安，东阳人。大德间，守高唐，劝课农桑，其去思碑云：齐右茧丝沃壤，视他郡为最。劝课弗严，长吏之责也。乃遵农桑要旨以勖民。又，元忽都纳，朔方人。世祖时，世袭高唐达鲁花赤，劝课农桑，政为天下第一。又，张廷瑞，至元间知州事，课农桑，以养民，尤识先务。明，唐*良珊，华亭人。弘治间，知州事。单骑行阡陌，召父老与语农桑。升任后，民立去思碑。

---

* “唐”应为“陈”。

康熙《高唐州志》卷一《风俗》

民务农桑，俗尚节俭。其士大夫则笃行谊，耻浮薄。机械之巧虽不足，而忠信有足尚焉。

光绪《高唐州志》卷七《政迹》

忽都纳，朔方人。以祖武毅王有佐命之勋，为高唐州达鲁花赤。考课农桑，天下第一。子干朵忽都袭武德将军，监高唐，寅恭廉正，礼士爱民，新驿传，置义阡。三年，讼牒稀少，囹圄空虚。

干朵忽都有政绩碑文云:……还至其境，田野开辟，桑麻交荫。见其留意农事，激劝游惰，力穑务本者众矣。……我行其野，农熙于亩。靡田不桑，无地不耨。我过其市，商贾辐辏。茧丝之饶，交相易贸。

尹利用，至元二十七年任。新庙无，邑有桑田百亩，请于朝为养士永业。又与县尹董廷翼于灵城、齐城、夹滩、涸河四镇，并建学。见庙学碑记，详学校。

康熙《高唐州志》卷七《宦迹》

张廷瑞，至元七年，知州事。课农桑以养民，兴教化以善俗。辟庙学故地为诸生授业之所，尤识所先务云。

吉士安，字仁甫，东阳人。大德间守高唐，律己清慎，莅政宽平，劝课农桑，作兴学校。以民疲于挽运之苦，言于省府，得平原协力三之一。岁大祲，民剥榆皮而食，士安闻于朝，降宝券数万缗以赈饥者，民多德之。躬临讲席，发明经旨。建阎康二先生祠，标于后学焉。

陈良珊，字子珍，华亭人。由进士弘治十三年知州事，慷慨任事，黎明至厅，日入乃罢。以为常单骑行阡陌，召父老与语农桑。广置学舍，激劝诸生，前后获隽者甚多。州旧协济临清船夫，易州厂夫，岁费不赀，具状请于当路，罢免。常日苟利百姓，遑恤其他。升工部员外郎。民立去思碑。

宣统《山东通志》卷七十二《职官·宦迹七》

陈良珊，字子珍，南直华亭人，进士。弘治十三年，知高唐州。每黎明坐厅事，日入乃罢。以为常单骑行阡陌间，召父老问农桑。广置学舍，激劝诸生，获隽者甚多。州旧协济临清船夫，岁费不赀，具状请，罢免之。擢工部员外郎。

嘉庆《东昌府志》卷三《风俗》

民务农桑，俗尚节俭。其士大夫则笃行谊，耻浮薄，机械之巧不足，而忠信有足尚焉。《旧志》

光绪《高唐州志》卷三《物产一·附录》

藩司刘饬劝种薯蓣札。据试用知县杨时泰、长喆、陈镳，候补知州前任曹县知县陆献等禀。

或曰：今日之急务，种桑不如种菜之捷。……种桑十亩……种桑以丰衣，而种谷必六十亩之多，种桑仅十亩之少者，桑田利，不言杂粮。（略）

《山左蚕桑考》节录

山左饲蚕之桑，皆南中所谓野蚕者也。若仿照南法，区种小桑株，以桑接桑。如接果，然则不野而家。次年即堪采叶，不数年而郁然成林。况且东省蚕桑较南省更有五便。东省河身高，沟洫不通，往往水旱虫伤之。是虞，惟蚕桑可以济五谷之穷。且东省春多晴，养蚕家尤为相宜，不似南省之春多雨雪，便一。南省地价重，东省价平。东省碱地多，五谷不丰，而桑性不畏碱，便二。南中妇女习针指，工刺绣。地方官若劝蚕桑，尚须设茧馆，延蚕娘以教之，东省则家善饲蚕，人知络丝。所苦者桑不多，桑多则不劝而民从，便三。南方卑湿，桑易生虫，故器用不取桑木。东省近北方高燥，不但叶宜蚕，而木质亦极坚良，制一切器具可取材，便四。南方饲蚕专以桑，东省则兼用柘桑，且有野蚕，可食椿、樗、椒树叶，自能成茧，便五。《蚕桑简编》云：每桑一株约采叶三四十斤，有桑五株，可育一斤丝之蚕。每地一亩种桑四五十株，收丝八九斤，值银十余两。若种谷即收二石，丰年不过值银一两有余。且树谷必需终岁勤劳，树桑只用三农余隙，功孰难而孰易，利孰多而孰寡，必有能辨之者。惟小民可与乐成，难于谋始，要在贤有司乘时因地而利导之也。一邑如栽桑十万树，每年则出丝三万斤。殷实户留地二三亩，或一二家共租数亩，租钱人工所费无多，卖秧七八千株，亦足偿其本。《蚕桑杂记》云：凡养蚕必先树桑，椹初年出桑秧。次年成桑苗，桑苗大如指，分种诸地。又逾年而成接桑，渐渐开拳，拳老叶益繁，易成桑林。种桑秧，宜起地轮，每株去五寸，连密培壅，去根边草，去附枝，每月浇肥一次，浇宜择晴日。种桑苗，宜二月上旬晴天，宜高燥地，每株纵横去六尺许，剪直根留旁根三四，令深入土尺五寸，必理根，使四舒，勿促缩。厚壅土，必力踹之。地中边俱起沟道，使洩水。桑苗本长四五尺者，分种时剪其本略半。俟发旁枝，择其旺者留二三。明年成条又剪之，植壮成干，遂剪其条，以开拳。年年于拳上抽条，剪条摘叶，叶多而易为力。盖柳为髡柳，桑有拳桑，物理之相似也。桑之不接者为野桑，野桑有团叶，有尖叶，有碎叶。团者尚可，尖碎者不中蚕食。野桑至把必接之，接桑宜谷雨前晴日。其法离土尺许，以小刀划桑本成八字，皮稍开，即截取好桑条三寸。削其末，令薄如薤叶，插入八字中，使两指相挟。将稻草密扎其处，勿令动摇。迟至五七日，便活。二年以后，接条，壮则截去，野桑之本成接桑矣。陈君讳斌，浙之德清人。嘉庆间，宰合肥，以合肥多旷土，少蚕桑之利，小民生计日绌，因于湖中购蚕种，买桑于苕。人之来者以课民，民由是养蚕，合肥养蚕自此始。《齐民要术》收椹之黑者，剪去两头，取中间一截。种时先以柴灰掩揉，次日水淘去轻秕不实者，曝令水脉干，种乃易生。《氾胜之种植书》种桑，五月取椹，置水中濯洒，取子阴干之。肥田十亩，荒久不耕者善，好耕治之。黍、椹子各三升三，合和种之，黍、桑俱生。锄令稀疏调适，黍熟，获之。桑生正与黍高，下平以利镰刈之。曝令燥，放火烧之，桑至来春生，一亩食三箔蚕。按黍一本作大麦，俗说以老椹喂鸟雀，取其粪，拌土即生。《蚕桑简编》夏初，椹熟即可种。留至二三月，亦可掘地段，打土极细。浇粪水，搂起寸许，切不可深，深则不出。又松打草绳，以熟椹横抹一过，掘熟地埋之，法亦便。《蚕桑说》春初取条枝大者，长二三尺许，横压土中，上掩肥土，约厚二寸，半月后萌芽渐长，三月后可四五尺。次年立春前后剪开，移他处。二三年即成拱把，按伏天压桑亦活。

前臬司李文耕手札，种树做到透彻，其余兴除之事势如破竹矣。每念地方官苟有爱民实心，则因地制宜，均有可办之事。随举一端，做到透彻处，即可以垂之不朽。如贵州向无茧利，有历城陈公，讳玉壂者，由江西同知推升遵义府，见遵义地多产橡，可以饲蚕。遂捐廉，遣人至山东购买蚕种，初年不出，次年又差人再购，并雇觅善饲善浴之人，以及纺织机匠到黔教民，卒有成功。至今遵义收买茧丝，每年有七八十万出息。有正安州吏目，徐公，讳阶平者，系嘉兴人。亦仿照陈公之事，遣人赴浙觅种，教民养蚕，其利亦兴。至今正安每年有二十余万出息，此两处民人于陈公、徐公家尸户祝，祭祀不忘。现在题请崇祀，查陈公、徐公在任时善政必多，然已无可查考，惟教民饲蚕一端做得透彻，遂能俎豆不祧。且徐公一少尉耳，而实心为民，亦遂有不朽事业。彼居高位而浮沉敷衍，卒至宝山空回者，其贤不肖何如也。曹县知县陆献辑。

物产纪，土之宜也，州境少桑土，而以蚕桑附之，欲以人力尽地力也。且《旧志》称，尹利用以桑田百亩养士。阎复庙学碑记云：茧丝之富，为山东名郡。《元史》至顺等年，大书高唐州虫食桑叶，桑为州产久矣。今清路西南乡尚有种者，夏初收葚如麦。有秋，若以薯蓣增杂粮之种，以蚕茧佐纺棉之功，唐民其无饥乎。

民国《高唐县志稿·地理志四·物产》

元明之间，本县犹为蚕桑之区。观《旧志》禨祥录，元文宗时，高唐州虫食桑叶为枯株。至顺间，虫食桑叶尽，诸记载可证也。今则境无桑株，而又变为产棉区矣。产品既不同，则土质肥硗，以及社会生活之变化，亦自无讳言。现在既往者已无可考，仅据最近采访所得，彙列之。一以表现本县物产之状况；一以观其变迁于将来也。

桑，桑属，亦作荨麻科，桑有数种，白桑叶厚，肉皮之纤维，为造纸造丝之原料。花与叶均可供药品，如椹花，霜桑叶，是也。果实供食用，有以之酿酒者。名见《本草经》，桑有数种，白桑叶大，如掌而厚，鸡桑叶小而薄，子桑先椹而后叶。山桑叶尖而长，荆叶多椹，叶薄而夹。本县五区之桑园，殆荆桑也。鲁桑少椹，叶圆厚而多津，凡枝干条叶丰腴者，皆鲁桑也。去年学界提倡栽植湖桑、鲁桑于东关小学校一带，令学生养蚕，现尚未有起色。

椿，楝科，亦作椿科，落叶乔木，叶大为一回羽状，复叶，嫩时呈红色，俗所谓香春芽子。生南方者，初夏开花成穗，花后结角，其子名香铃子，入药，其木材多用之于修神主。《唐本草》椿樗二树相似，樗木疏，椿木实。《苏颂》曰：椿叶可食，樗叶疏，北人谓之山椿。山东各地多有呼樗为椿，呼椿为香椿者，所谓椿木乃樗木，非椿木也。樗，亦名臭椿，皮粗材软，歉年人或采食，食多作呕，可放山蚕。蚕作茧于树上，谓之椿茧，即山茧也。樗之生山中者，曰：栲。木亦庐大，梓人亦或采之，然爪之如腐朽，故古人以为不材之木。椿木坚实，可作栋梁。北方所生之椿，只供采食，不能成大材。且开花结实者少，间有开者，亦如芭蕉。在北而花者，然人或以为稀奇，气候关系使然也。总之，椿、樗、栲同类而异名耳，日本以山茶为椿。

卷三

泰安府

《通志》　《明一统志》云：古兖风俗，民习圣人之教化，尚礼义，重廉耻，有桑麻之业。

《府志》　泰安府，当古齐鲁之交，山居之民，率勤农桑之业，安朴鲁。桑叶饲蚕，其子椹酿酒亦佳。槲丛生山麓，叶饲蚕，谓之山蚕，织紬谓之山紬。向惟莱芜有之，今则收橡种，发给贫民，设法劝种，七属山麓殆遍。槲之大者为橡，俗呼橡子。饲蚕宜小树，土人谓之勃罗科。

乾隆《泰山图志》卷八《杂缀》

《埤雅》“柘宜山石”，柘之从石，义取此。齐景公为弓，称泰山乌号之柘。《县志》：山蚕出泰山东北麓。

乾隆《泰安府志》卷二《方域》

樗，俗谓之臭椿。《庄子》吾有大树，人谓之樗。桑，叶可饲蚕，其子名椹，可食，酿酒亦佳。柘，弓材莫良于檿，叶饲蚕，丝作弦，琴声更清。槲，丛生山麓，叶可饲蚕，谓之山蚕，织紬谓之山紬。向惟莱芜有之，近特收橡种，发给贫民，设法劝种，七属山麓殆遍。槲之大者为橡，故俗呼橡子树，饲蚕宜小树，土人所谓勃萝科也。所种三年之内，严禁剪伐，为利溥矣。虫属，蚕，莱芜人好种桑饲之，织绢甚佳。山蚕，见木属槲树下。货属，茧紬亦名山紬，绵紬、绢，出莱芜者佳。绫，《东阿县志》绫与绵紬皆土人所为，而绫颇佳。《史》云：秦昭王服太阿之剑，阿缟之衣。《徐广注》云：齐之东阿县缯帛所出，故曰：阿缟。相如《子虚赋》有曳阿緆榆缟之句，而《列子》亦曰：郑卫之处，子衣阿緆。

《农桑简要新编·序》，范村农*

昔范大夫去越之陶，操计然术，旁及树艺畜牧，累产千金，智矣。然逐末无凭，犹不如农桑本业之确有把握也。直刺史范君慕韩，才敏人也，汉籍名家，寄万岱麓，勤考树蓄诸事，不数年而利毕与。爰著农政各条，道其百利，利人之术，智者行所无事，其犹陶朱民之遗风乎。郡尊石子元太守，又益以蚕桑要语，刊秩颁行，是皆殷殷导人以务本者。长邑水绕山趋，犹岱峰之支麓，邦人士正，可仿而行之。慨自末俗相沿，富有力者，或盘剥以自封；贪无借者，或惰游以作过苟玩。是编则山巅水涯，墙隅园角，莫非生计所在，尚何营营役役，以蹈彼愆，尤哉，用特照刊，传示各约。更望各庄读书明理之人，传述解喻，俾斯民悉植其生，由康乐而和亲，所系非细矣。夫以范君辈少长宦游，犹且剖晰精微凿凿，如是尔乡民力田有素，宜自努力，当更何如耶。爰志数语，以代谆谆。光绪二十七年九月，运同衔候补知州署长山县事徐致愉谨识。

《农桑简要新编》原起

古先王物土之宜而溥其利，是利之出于地也，殆无尽藏。《礼记》云：地不爱宝。《大学》云：有土此有财，诚以地为财之府。舍地利而言利，奚啻缘木求鱼。今者时局丕变，全球彻藩篱通堂奥，航海通商，罔非为利。得利者，日臻富强。盖强国之道，必先致富。古今中外，无异理也。嗟我中国，民繁土沃，甲乎地球，乃贫弱至兹。苟不于固有求之，抑亦左矣。自昔圣祖、世宗皆以农桑为邦本，刊图诠解，导诱谆谆。迩来直隶一省，奉敕设局种桑，自光绪十八年至二十三年六岁之中，成活二千一百余万株，责州县承领推广试种，成效昭然。旋有长沙徐大司空（树铭）奏进《蚕桑萃编》一书，奉旨颁行。朝廷注意农桑，至殷且急，今我袁大中丞仰秉宸谟，俯瞻群姓，日孜孜以兴利为念，乃刊印是编，分颁到郡。（祖芬）窃虑愚氓难与图始，爰集二三同志，讲求良法，期在推行。适有天外村农退隐田间，不忘匡济，头年创求农学，于选种、实时、辨土、耩子诸法，确有心得，屡试辄验，收成每数倍于人，既著明效。尤愿以余力考究农桑，为郡民倡。（祖芬）钦其志，且乐助其成。第苦《萃编》部目繁重，

* 全篇包括：农政目录五条，蚕政目录二十四条，桑政目录三十二条。

浅学未易，终篇小民难于索解，因择其精要简便者三十余条，附以村农历年考验农学精言，都成一册，亟付诸梓，名曰:《农桑简要新编》。敢云妄自增删，亦惟取浅显，则人人易晓，简便则处处可行。于以循宪典而广流传，是所厚望。如未其善，则俟博雅君子指示重刊，用匡不逮。是为序。光绪二十七年辛丑莫春署山东泰安府知府祖芬谨序。*

自序

窃维圣门论政，以足民食为本。《孟子》匡时以兴井地为先，自来图富图强，莫不重农重粟。后世人不尽耕，耕不尽利，地多旷地，民多游民。一遇凶荒，一经兵燹，朝廷虽颁急振，绅富虽倡义捐，而济一旦，不能济百年，顾一身不能顾全局，与其急无良策，何如预筹长策，使家有余粮，地无遗利之愈乎？然则务农之宜，讲农学之当兴，固也。顾欲兴农学，宜参诸法。彼西人精东作，恒论方里之地，可养万余之人。语若近夸，事非无据。中国界近温带，土控亚洲，地尽膏腴，何物不产，人尽英品，何力不饶，苟考之以精心，行之以果志，以二十二省之地，养四百余兆之民，不待外求，何虞或竭。惟古法人人不讲，积习在在难除，农则徒拘旧制，此外无所取求；士则竞尚空谈，毕生未尝耕凿。农者不学，学者不农，既已判为两橛，甚且鄙为下流，何權乎？我弱人强何惑乎？我贫人富，若不及时考究，一任陋俗相沿，不独弃地愈多，生计愈寡。窃恐胥一世之精神，欲振而不能振，合本土之材，物可兴而终不兴，徒见欺辱之交乘，终无富强之一日，能不忧哉？能不耻哉？（村农）久来泰郡，每见农家狃于故，常安于狭隘。凡由间隙地，呇内流泉，非弃如石田，即视同潦水，既不辨其土性而有所栽培，更不导其源头而藉资挹注。置有用于无用，以成才为弃才。甚至粪田播陇之方，选种歇苗之法，不察诸地，悉听诸天。同一春种同一秋收，此获数十斤，彼获二三石，壤连阡陌，利判天渊，岂造物之与不与乎，亦人之力尽不尽耳。（村农）敢谓胜人，惟知返己，别无事业，勉作农功。时而山巅水脚，时而雨后风前，兼考前言，间参西法，一不足则补以身力，再不足则补以心思，勤心苦力，试办有年。

---

* 石祖芬，江苏吴县人，光绪二十六年（1900）任，二十七年离任（宣统《山东通志》卷五十五《国朝职官表五》）。

幸能一田收数田之用，一人养众人之生，实效确有，可征推行，或可尽利。兹将本身之阅历，累岁之较勘，分以部居，附以论说，言虽粗鄙，近俚法皆平易近人，草创有年，校刊无力。今值石子元太守莅是邦，以有体有用之才，抱利物利人之志，慨捐清俸，代付手民。又嘱将《蚕桑萃编》一书，采数十则，附刊其后，都为一编。诚以衣食同源，不能偏废，农桑并重，相辅而行。所愿一方同志，姑试其端，四境愚氓，溥收其利，渐推渐广，咸知农学为良图，利国利民，大转中华之气象，此则太守济世之深心，与鄙人编辑之微意也夫。光绪二十七年仲春，岱麓寄客范村农谨记。

泰安县

《县志》 茧绢、山紬，出岱东麓者佳。果擅楂栗之利。明，侯应瑜，杞县人。万历中，知泰安。每躬阅郊原，劝农栽树。

民国《山东各县乡土调查录》

泰安县：蚕桑，农民颇知养蚕之利，尤以县东与新泰县接壤之处，颇为发达。全境桑树约三万余株，此外椿茧约有产额。

万历《泰安州志》卷之二，民国铅印本

侯应瑜，河南杞县人。由举人自万历丙辰，任泰安，七年，爱民如子，兴除殆尽。捐俸修理文庙，焕然重新。创修和胜祠。又捐置庄田，赡养奉祀生员。重修二贤祠，养济院，仍置赡士学田九十亩。建义学，延师训教贫寒子弟，岁捐十二两为束修，按季考试，生员照依等次给赏。整理乡约，每月两次下约讲解。徭粮漕米，吏牧官解，并不佥派里甲。每春劝农开垦荒田，贫者即给牛种，更谕多栽桑枣等树株。……实政皆有的，据本官离任已三十余载，士人思之，公举入名宦。

乾隆《泰安县志》卷八《职官·宦迹》

侯应瑜，字佩之，杞县举人。万历四十四年，知泰安，心切民瘼，改漕米民解为官解，凡差徭不以纤毫累里甲。设养济院，务使贫得所。每躬阅郊原，劝农栽树垦田，力不能者，给以牛种。尤加意学校，重修文庙、三贤祠，创建和圣祠。捐俸置田九十亩，以养寒畯。天启二年，闻香教贼据邹滕，羽翼布四方，应瑜侦之，预缮城，陴设方略，擒贼党刘三才，诛之。莅任七载，升刑部员外郎。祀名宦。

光绪《泰安县乡土志·政绩录·兴利》

知县毛澂，字蜀云，四川仁寿县人。光绪二十八年，知泰安县事，廉能有为，百废具兴。除奸革弊，民安其业。维时外患日亟，科举已停，澂目睹时难，遂与绅富商筹的款，创立学堂数十处，访延教员，分门授课，以开风气，并设半日学堂，教育贫民子弟。建教育局，俾习工艺，立农桑会，以尽地利。民甚德之。

民国《重修泰安县志》卷一《地舆志疆域》

木类。桑，其叶饲蚕，鲁桑椹少，叶圆厚，多津液。湖桑树枝粗硬，带青白色，叶形大而厚。其椹多而叶少者，土名椹桑。以鲁桑、湖桑接于椹桑之根，叶既繁茂，根亦久远。柘，弓材莫良于檿，叶饲蚕，丝作琴弦，声更清。槲，叶可饲蚕，林麓居民利之。

虫类。蚕蛾，以蚕为幼虫，自卵而出为蚁，蜕而为蚕，三眠而成茧，自裹于茧中，曰：蛹。蛹复破而出，曰：蛾。蛾复卵。按蚕不一类，《尔雅》蟓、桑茧、雔由、樗茧、棘茧、乐茧、蚢萧茧，今山茧之类亦其遗也。

货品类。茧，山茧、家茧二种。山紬，出泰山东麓者佳。绢，以家茧丝为之，类紬而薄。

民国《重修泰安县志》卷四《政治志·实业》

泰沂模范森林局第一林场在泰山淩汉峰下，系山东实业厅所办。自民国九年起至十四年止，共栽树二十六万株有奇，侧柏最多，柞树、刺槐树、榆树、枰柳次之。农业部第二林业试验场在泰山盘道东葛条沟附近，农商部所办，旋改属泰沂模范森林局。自民国八年起至十一年止，共栽树十一万八千株，以柞树为多，刺槐次之。山东省立第三中学林场在泰山南麓，系第三中学所办。自民国十年起至十五年止，共栽树一千四百余株，柞树最多。

实业局。自民国九年以来，全境共栽湖桑七万九千七百五十九株。

泰安农桑会。自光绪三十年至民国十五年，采集本地山茧、春茧，呈送实业厅。在眼光殿养种橡树，以备养山蚕之用。劝办城东北乡一带种桑苗，栽植大量桑树。

东平州

《州志》 桑不接枝，故叶少而多椹。按，此两语道尽通省蚕桑受病处，正不独东平一州为然也。若照接果法，以桑接桑，则叶多而椹少。《农书》二十二卷，又《农桑通诀》二十卷，元，王祯撰。祯，字伯善，东平人，官丰城县尹。元东平路总管刘天爵善政碑云：蚕桑在野，公实我衣。按，州人李应虞，乾隆间任直隶临城。见山麓青棡成林，欣然曰：此吾民之利也。招蒙阴蚕工，教之临城，蚕利之兴，自此始。

民国《山东各县乡土调查录》

东平县：蚕桑，乡间妇女养蚕者颇不乏人，惟墨守旧法，不知改良。全境桑树二万余株，每年出丝约一万四千两有奇。

民国《东平县志》卷五《风土志》

蚕桑之业，亦不发达。故衣之来源，丝棉多仰给于商贩及舶来之洋线。农谣：蚕老一时，麦熟一晌。

光绪《东平州乡土志·物产》

樗，有雌雄。

光绪《东平州志》卷二《风俗物产》

桑，不接枝，故叶少而多葚。柘，《诗·大雅》其檿，其柘。《禹贡》青州，厥篚檿丝。檿，山桑。山桑之丝，中琴瑟之弦。柘叶亦然，《蚕书》云：柘叶饲蚕，其丝作琴瑟弦，清鸣响亮，胜于凡丝。槲，槲与栎相类，栎生橡实，槲亦生斗，但小耳。《府志》云：槲丛生山麓，叶可饲蚕，作茧织䌷，谓之山䌷。近特取橡种，发给贫民，设法劝种，七属殆遍。槲之大者为橡，故俗呼橡子树。今据栎实大，槲实小，虽同类而异名。

蚕，食桑叶者、食槲叶者，名山蚕。货属，丝、绢、紬、绫。

乾隆《东平州志》卷十八《艺文》

东平路总管刘天爵善政颂碑铭，有序。元，潘迪

稻梁如茨，公不我饥。蚕桑在野，公实我衣。

道光《东平州志》卷十三《列传》

李应虞，字咸五。幼孤，鲜兄弟，固穷力学。乾隆戊辰进士。历直隶贵州，州县皆著循声。在临城时，立雨中督众捕蝗，蝗尽灭。西山有虎，樵道绝，为文告山神，亲率壮士大搜，虎患亦息。是役也，见山麓青㭎成林，欣然曰：此吾民之利也。招蒙阴蚕工教之，临城蚕利之兴，自此始。调枣强，权涿州，迁平远州知州，又迁台拱同知。年六十九乞归，贫如初。嘉庆元年，预千叟宴，乡党荣之。卒年八十有六，门人私谥曰：文贞先生。

东阿县

《县志》　绫与绵紬，皆土人所为，而绫颇佳。《史记》秦昭王服阿缟之衣。注云：齐之东阿县，绵帛所出，故曰：阿缟。明，董锦，东明人。嘉靖中，知东阿。慈惠爱民。时巡行田亩，劝课农桑。

民国《山东各县乡土调查录》

东阿县：蚕桑，妇女多养家蚕，但惯用旧法，不知改良。近来所种湖桑约有十万余株。

乾隆《泰安府志》卷十五《宦迹下》

董锦，东明人。嘉靖中，以举人知东阿。为人木朴沉毅，而驭下宽简，慈惠爱民。时巡行田亩，劝课农桑，见耕者辄劳之。邑中桥坏，行者不通，锦重建永济桥以济。在任三年，以忧去，补嘉祥。

万历《兖州府志》卷二十九《宦迹志》

贝恒，应天溧水人，永乐中进士。先为邵阳知县，复除东阿。……

邑多惰农，恒躬履畎亩，劝其耕种，岁有敛获。未几，流逋归来，桑麻蔽野。

民国二十三年《东阿县志》卷七《政教三·林业》

东阿东南多山，自劝业所成立，即在城东山麓，用普济堂地四十余亩，辟为农林试验场。所种椿、榆、桑、柏、琴树、白杨，亦颇茂盛。

康熙《东阿县志》卷一《物产》

惟绫与绵绌，皆土人所为，而绫颇佳。《史记》秦昭王服阿缟之衣。《徐广注》云：齐人之东阿县，缯帛所出，故曰：阿缟。相如《子虚赋》有曳阿緆揄缯缟之句。而《列子》亦曰：郑卫之处，衣阿緆。大率绫帛类也。闻诸老人往数十年里，中夜鸣杼，札札相和。今市一缣常不获，杼轴无乃空耶。

道光《东阿县志》卷二《方域·物产》

木属。樗，俗名臭椿。《庄子》我有大木，人谓之樗。

桑，箕星之精。叶可饲蚕，其子名椹，可食，酿酒亦佳。柘，山桑也。《蚕书》曰：柘叶，饲蚕为丝，中琴瑟弦，清响。《本草》曰：其本染黄赤色，谓之柘黄，天子服。《考工记》弓人取干之道，柘为上，其子亦可食。桑实曰甚。柘曰佳。又有檿桑与柘略同。槲，丛生山麓，叶可饲蚕，作茧织绌，谓之山绌。向惟莱芜有之，近特收种，发给贫民，设法劝种，七属殆遍。槲之大者为橡，故俗呼橡子树。饷蚕宜小树，土人所谓勃罗科也。

平阴县

《县志》　元，董继昇，顺德路人。为平阴尹，劝课农桑。数年间，民风丕变。又，赵时彦，冠州人。为平阴尹，辟田野，劝农桑。民刻石颂之。

乾隆《泰安府志》卷十四《宦迹上》

（元）董继昇，字鹏飞，顺德路人。为平阴尹。劝课农桑，均平赋役。建祠庙，以祀先贤。蠲傜役。以诱后学。数年之间，民风一变。

（元）赵时彦，冠州人。为平阴尹。辟田野，劝农桑。均赋役。讼者力辨曲直，无不允服。居官临民，事无过举。民刻石颂之。

光绪《平阴县乡土志·政绩录·兴利》

刘代闻，湖南衡阳人。乾隆十四年，以举人宰平阴。时比岁不登，民多失业，代闻招流亡，督耕种，相土宜，种桑柘及诸果实。莅官三月，即捐廉修榆山书院。时至民舍问所苦，有讼辄从阡陌间决之。教子弟以孝弟，闻者莫不感泣。

光绪《平阴县乡土志·物产·植物》

木属。柳最多，榆、槐、椿次之，桑最少。

新泰县

民国《山东各县乡土调查录》

新泰县：蚕桑，该县蚕业发达，以鲁桑家蚕为大宗。乡间妇女视为专业，采桑饲蚕尚属得法。陇头田畔尽树桑株，岁出之丝约十五万两左右。并为椿茧出产地。

光绪《新泰县志》卷十一《名宦》

李上林，江南如皋人，监生。万历间，以德州同知委署子邑，爱民如子。时岁歉，请赈济贷粟邻邑，邑民赖以保全。寻坐改本邑，除无名之费，定征输之条。严治左右，宽恤里甲。修筑石城，杜绝开采。又置学田地三顷八十二亩有奇。在任五年，桑麻遍野，邑无逃亡，士民立祠祀之。祀名宦。

卢綋，号澹岩，湖北蕲州人，己丑会魁。顺治间，田荒赋重，力请巡按履亩踏丈，更定赋役，民得苏息，其流移招抚者以千计。皆知有耕凿之乐，不愿以琐事涉公庭。綋亲课农桑。升广西桂林府同知。

吴大梁，三韩人。康熙间，由监生知新泰。勤于劝课，桑麻遍野。待民一出至诚，不事鞭笞，而囹圄几空。升均州知州。

胡叙宁，湖南清泉人。乾隆二十七年，由举人为县令。崇孝让，劝农桑，息讼狱。自捐银六百两，倡建青云书院，培植人才。任五年，以疾终于署，民皆流涕，执绋以送。

宣统《山东通志》卷七十一《职官·宦迹六》

高凤，井陉人，举人。成化中，知新泰县。教民种蔬菜，备荒歉。岁时亲诣闾里，验其多寡，以为赏罚。新之有园圃者，自凤始。

光绪《新泰县志》卷十一《名宦》；光绪《新泰县乡土志·历史·政绩录·兴利》

高奉，直隶井陉人。成化间，由举人为知县。节用爱人，教民种蔬菜，以备荒歉。岁时亲诣闾里，验其多寡，以为赏罚。新之有园圃者，自公始。六年调高密，去后人思之如考妣。祀名宦。

光绪《新泰县乡土志·物产》

蚕，桑蚕、椿蚕。桑蚕丝，土人缫为丝，可作弓弦。绸，有山蚕绸、椿蚕绸，山绸甚坚朴。桑，可以食蚕。樗，即臭椿子，以食蚕。茧丝，岁可收二万余斤，由山路运至长山之周村销售。

莱芜县

《府志》　莱芜人，好种桑饲蚕，织绢甚佳。

《县志》　元，和道，怀庆人。延祐初，为莱芜尹，广招徕鼓舞，以劝课农桑，民为乐业。国朝，朱永功，吴县人。知莱芜，劝农桑。为政数年，囹圄皆空。后去莱，攀辕卧辙者，自庭达境，上车数日，始得去。又，吴大梁，不详其里。知莱芜，勤于劝课，桑麻遍野。待民一出至诚。

民国《山东各县乡土调查录》

莱芜县：蚕桑，本县蚕业颇称发达，每年产额甚巨。桑树共五万五千余株。

宣统《山东通志》卷四十《风俗》

地多膏壤，烟户稠密。山居之民，率勤农桑，安朴鲁。士则好读书，务功名，闻人最夥，盖文献之区也。《泰安志》

光绪《莱芜县乡土志·商务·输出品》

丝运出长山县周村，年约三千块，每块重八十两。

民国十一年《莱芜县志》卷七《地理志·风俗物产》

上元家家上灯于墓，闺中饲蚕神，造面茧。

桑、柘、樗、槲蚕食之为茧，名槲茧。出长城岭一带。丝、绢、绵紬、山紬、土紬、柘桑紬。

蚕，山蚕，课蚕，每蚕月，夜中连呼刷锅刷锅。

乾隆《泰安府志》卷十五《宦迹下》

朱永功，吴县人，拔贡。知莱芜事，劝农桑，绝耗羡。为政数年，囹圄皆空。后去莱，攀辕卧辙者，自庭达境，上车数日，始得去。

吴大梁，不详其里。由监生知莱芜县，勤于劝课，桑麻遍野。待民一出至诚。不事鞭笞，而囹圄几空。

民国十一年《莱芜县志》卷八《官师志》

和道，字祥卿，河南怀庆人。延祐二年，令莱芜。性严明，不事脂韦。劝课农桑，招徕流移。修葺馆舍，尤加意造就俊秀。秩满去，士民为立德政碑。崇祀名宦

朱永功，吴县人。顺治间，以拔贡令莱芜。劝农桑，斥羡耗。为政不务苛刻，而士民畏服。去之日，攀辕卧辙者，自庭达境，上车数日，始得去。

吴大梁，不详其里居。康熙间，由监生令莱芜。勤于劝课，比户丰饶。断狱不事鞭笞。莅任数载，囹圄几空。

民国二十四年《续修莱芜县志》卷十《政教志·农业》

第七项　蚕业

五亩之宅，墙下树桑，为吾莱普遍景象。莱丝、莱锦亦向负盛名。自

烘茧业起，蚕种亦渐一致。全县金融视为命脉，近来丝业凋敝，金融顿形紧张。国府、省府虽有明令救济，惜吾县农人缺乏组织，未蒙其惠。故亟宜组织蚕丝合作社，请求同施救济，是有待吾莱人之自觉者也。

蚕业调查表

甲栽桑

一品种。旧有品种以鲁桑、荆桑、葚桑为最多。近年购植湖桑者日增，按前数年之调查，鲁桑约有百五十万余株，湖桑约十万余株。特以近年茧业衰颓，农家产桑、种谷约去半数之谱。

二培苗。往日桑秧多取自野生。近年始有培苗者，择阴湿地作苗，牀覆以草类，勿令干燥，待明年春期，即行移植。

三移植。春季多雨之期，移植于适宜之田。成长之际，略加斧斤。待三四年或十数年，始行接桑。

四接桑。接桑之法甚多，最通行者为芽接土名打补丁及环状。芽接土名拧哨子二种。而接桑之时期，在五六月晨起之际。

五剪定。桑树接后，任其自然成长。故有旧桑树，概为数十年或数百年物也。

乙养蚕

一蚕室。养蚕之家，概利用家屋，兼充蚕室，炊灶床炕，日用器具，无不杂列。即烟害蚕儿，更妨碍动作。比年以来，蚕户所以屡罹失败者，固由于蚕种多病毒。饲育法之未善，而蚕室之不适宜，亦其一大原因也。

二蚕具。普通养蚕之家，并无特制之蚕具，不过利用家器以从事耳。每于养蚕之际，室内设以木架或杌櫈等，高约二尺许。中置横木，铺以箔席，长短宽窄，概以屋之大小为准。若在蚕多室少之家，亦常高其木架，分为数层，敷以箔类，但箔多係固定，故于诸方动作，颇形不便。

三品种。蚕之种类颇多，如義长、義圆属于外国种者也。新元、浒桂等，属于他省种者也。三黄、金黄、大圆白等属于本省种者也。就中以饲育本省种者为最多，他省种次之，外国种最少。

四催青。春期桑树发芽前，将蚕连包于棉衣或被类，置于较为温暖之室内，每日早晚注意其护藏。迨二十日左右，即可收蚁。

如此催青，虽属经济，而空气之流通不良，蚕卵呼吸困难。不施湿连之术，蚁蚕每多枯死于壳内。是以以多数之蚕连催青，而收少数之蚁量者，比比然也。

五收蚁。预于孵化之前，先备纸一张，羽帚数枚。迨发生后，以羽帚妥为扫下，而饲育之。

收蚁手续虽较简易，惟蚁量不知其数。则举凡蚕室之面积，蚕具之多少，桑量人工之预算，及一切关于养蚕之计划，虽以预为准备也。

六饲育。饲育室内寒暖干湿，任其自然。一切劳力费用，专以俭约为依归，盖纯粹天然之饲育法也。幸而天候适顺，自有相当之收获。至若天候剧变，寒暖失序，其失败也，何待龟卜。今将关于饲育之方，及其手续，胪述于下：

一采桑及贮桑。采桑之法分为摘采、伐采二种。稚蚕之期多用摘采，壮蚕及老蚕多用伐采。叶自摘下之后，即贮于盆或瓮中，覆以湿布，时为反转，以免蒸热。惟患容积过小，一时不能贮多量之桑叶。如遇阴雨连绵，贮桑告罄，势不得不采雨桑以饲育也。

二切桑及给桑。切桑大小，随蚕之老幼而异。稚蚕饲以细长之条，壮蚕饲以片切，老蚕饲以枝条。给桑之时，先以桑叶平撒蚕箔，继用长柄羽帚，使其均匀乃已。

三除沙及分箔。除沙土名抬蚕。在一龄期，只行扩座。二三四龄，则行二回至三回。至五龄期，则每日一次，或间日一次。抬蚕之法即于饲育之前，以手将蚕拾于他箔，同时与以适当之面积兼行分箔也。

此法除沙虽较简单，惟用手拾蚕，以冷触热蚕体，每受伤于冥冥之中。故不如用糠除法或网除法为佳。

四上簇。蚕将老熟，即预伐树枝杨、柳、槐、榆等等叶，而晒干之。搭木为架，位如鼎足，横以隔木，分为二层或三层，中实以所伐树枝，更杂以稿秆及豆秸类，以便熟蚕，易于攀援。乃将熟蚕拾于篮内，再置簇中二层者分置之。毕后，即被以席或草箔，以防外界之刺激。

如此施设，虽合经济，然每以蚕数过多，辄患拥挤，茧形易致不正。同功茧及死蚕等，亦额外加多。且簇内之空气流通不良，必然阴湿。蚕丝干燥迟缓，茧色定不佳良。故养蚕改良上，此亦最要之事项也。

五采茧。蚕于上簇后，经五六日或七八日，即行采茧。采茧之法，去其茧衣，将上茧、中茧及同功茧置于一组，下茧即薄及茧另为一组，即行出售。

丙制种本地向无制种专家，故所用蚕种概系自行制造

一选茧。采茧后，将茧形正而固有之色泽鲜美，及茧层厚而通体均一者，选为种茧。平置箔上，以待其出蛾。

二选蛾。及交尾出蛾后，选其形体完全，资质强健，使之交尾。约五六点钟后，即行割爱。

三产卵。割爱后，使放蛾尿，即置蚕连上，令其产卵。但所用之蚕连，概以布充之。使多数之蛾，任意产卵，盖用平制法也。

四蚕种之保护。产卵既毕，即将蚕连置于风光透彻、气温较低之处而藏之，并无贮藏箱之设备。

五浴种乡间。浴种之期，惯行于来年正月十六日。晨起未日出之际，盖习俗然也。按学理，浴种当在严冬之日即冬至前后，所以强健体质，洗涤尘垢。春初行之，虽无大害，于蚕卵之生理而于浴种之效能，则减少矣。

丁制丝

一收茧及价格。采茧之先，各市场已立茧市。卖茧与收茧者，按货定价。今年价格每斤价银圆二角至三角。

二醃茧。制丝家收茧后，即行醃茧，以防出蛾及腐败也。法以茧贮于瓮内，每积一二寸厚，即撒食盐一层。及至瓮满，覆以槲叶，镘以土泥。缫丝之际，即启而用之。

三煮茧。缫汤将沸，煮茧者投以鲜茧。用扒以五竹披成长二尺许乱扰索绪以与缫丝者。

四缫丝。缫丝概用大框，以铁片凿孔而作集绪器。丝缕之配合，亦无一定茧数，约在三十粒上下。添绪之法，多用捲添，每回所添粒数自一至七八粒不等。不结头，不留绪，不编丝，织度既不均匀，丝缕更形紊乱，手术之粗放，盖可知矣。

五整丝。缫丝事毕，即行整丝。兹述其手续，如左：

一裁框。于丝片未脱框之先，将丝片附近之乱丝，用手裁去，使其平滑，以便绞丝，俗曰裁框。

二绞丝。裁框既毕，将丝片脱下，而行绞丝。绞丝之法，以二人各持二篗，角间之中央部，一人以绞棒，绞以适度之绞数，他人注意其丝片表面之平滑及绞痕之均匀，此后折叠，而复绞之，他人更圆，其手持之一端，然后复折叠而插入他端之中乃已。此种手术有近于日本式之绞丝法。

三捆丝。所制丝绞，每绞均在四两左右。而捆丝之时，即按此丝绞之轻重，而定其绞数。通常每捆概以一百二十两为一块，即三十丝绞也。而捆丝之法，即用绪丝用力缚诸绞之一端或两端，即行贩卖，并无打包、装箱之术。

六价格。今年生丝每两价格只售银元两角至三角。以故制丝家亏本者颇多。

七销路。生丝销路，逐年概赴周村间，亦有贩卖于济南、泰安等处者，但甚少耳。

右所列蚕丝，皆系旧法制造。近烘茧法，大行小框，丝亦有两家，但皆赔累不堪，救济乏术，故不列，以为后图，可也。

肥城县

《县志》　元，胡少中，肥城《劝农诗》曰：沃野桑麻展纸平。*

—— // ——

宣统《山东通志》卷四十《风俗》

土俗质直，民有圣人之教化，人民淳厚，勤务农桑《康熙肥城志》。农民皆能力田耕耘，未有敢后时者。昔日之草莱，今则开辟无遗。《嘉庆肥城志》

* 胡少中《劝农诗》：“岱宗高拱万山陪，百里平田镜面开。谷麦丰登梨枣熟，至元癸未劝农来。屏开庵画四山青，沃野桑麻展纸平。行尽园林见城廓，五陵鸡犬静无声。西道诸城厄水灾，人民淹没哭声哀。此方今岁何所幸，力穑逢年酒禁开。城头突兀倚牛山，霜叶殷红蜀锦斑。事简一朝如一岁，一官无厌养高闲。”

光绪《肥城乡土志》卷八《物产》

若丝，则不过缫以土法，以制为绢。其大宗多半运售于外。

蚕丝，则出产虽少。而近日逐渐振兴，则每岁运售于省垣、青岛诸处者，颇获厚利。其以土法制绢者，不过少数而已。

光绪《肥城县志》卷一《方域·物产》

货类。绢、布，皆土人织丝，则饲蚕取之。

卷四

武定府

《府志》 宋，刘嘉桢《棣州赋》云：蚕富锦绮之功。* 又，张洞，祥符人。仁宗时知棣州。河北地当六塔之冲者，岁决溢，病民田，水退强者冒占，弱者耕居无所。洞奏一切官为标给，蠲其租以绥新集，由是河北东路民富蚕桑，契丹谓之绫绢州。明，施梦龙，无锡人。隆庆中，继王鉴后，知武定州。课耕桑。嘉禾瑞麦，六出于境。州人有前王后施之称。

咸丰《武定府志》卷十九《宦迹》

汉，龚遂，山阳人。宣帝时，渤海多盗，以遂为太守。既至郡，悉罢逐捕吏。贼闻教令，即时解散。乃开仓以赈恤之。劝民务农桑畜养。有带刀剑者，令卖剑买牛，卖刀买犊。数年郡中皆有蓄积，讼狱衰息。上闻，征为水衡都尉。

张洞，字仲通，祥符人。仁宗时，知棣州。河北地当六塔之冲者，岁决溢，病民田，水退强者冒占，弱者耕无所。洞奏一切官为标给，蠲其租以绥新集，由是河北东路民富蚕桑，契丹谓之绫绢州。

施梦龙，字伯雨，南直无锡人。隆庆戊辰进士。继王鉴后知武定州。崇学校，课耕桑。孤茕残疾，责之戚里，使无失所。嘉禾瑞麦，六出于境。州人有前王后施之称。秩满，授刑部员外郎。

程伊湄，原名沄，号省齐，顺天大兴人，浙江钱塘籍。嘉庆己卯进士。出守楚荆，多惠政。道光十九年，来守武定。……武郡地瘠民贫，俗多刁键，乃积诚以谕之，持平以断之，民亦渐次闻风向义，爱戴之如父母。若夫劝农桑，励学校、津梁、廨舍，诸善政，良未易朴数也。……南

* 《棣州赋》："蚕富锦绮之功。……柔桑则岩阿贡。"（咸丰《武定府志》卷三十七《艺文·赋》）

返之日，行李萧条，惟图书、襆被而已，郡人士莫不感悼。

光绪《武定府惠民县乡土志·政绩录》

龚遂，山阳人。宣帝时，渤海多盗，以遂为太守。至郡，悉罢逐捕吏，贼闻教令，即时解散。乃开仓赈恤之。劝民务农桑畜养。有带刀剑者，使卖剑买牛，卖刀买犊。数年郡中皆有蓄积，讼狱衰息。

施梦龙，字伯雨，无锡人。继王鉴后知武定州，崇学校，课耕桑。孤茕残疾，责之戚里，使无失所。嘉禾瑞麦，六出于境，州人有前王后施之称。

咸丰《武定府志》卷四《风俗》

五谷桑麻，多文采。布帛、鱼盐、海带之利。其俗宽缓，阔达而足智，好议论，地重难动摇。《史记》

咸丰《武定府志》卷四《物产》

木属，桑、柘、椿、柞。茧紬。昆虫属，蚕。货用属，绵紬，练，茧绵，绩线成之，出阳信县。绢，《宋史·地理志》："滨州贡绢"。

惠民县

《旧州志》 服畎亩者，力农桑。

宣统《山东通志》卷四十《风俗》

人性朴质，士尚节义，民畏刑罚。居城市者，事商贾；服畎亩者，力农桑。《武定志》

光绪《惠民县志》卷十六《风俗》

女事纺织，农忙之外，机杼无暇日。间亦植桑，而蚕事绝少。《旧志》云：东南之民勤苦，西北之民刁悍。今时亦不尽然。

民国《惠民县新志》卷七《产业志》

木之属。桑。《说文》："桑，蚕所食叶木。"《齐民要术》："种椹长

迟，不好压枝。”县产分树桑、条桑两种。树桑所植无多，城北一带盛植条桑，为用颇广，叶可饲蚕，条可编筐篚，皮可造纸。柘，干疏而直，木里有纹，叶厚而小，稍硬于桑叶，亦可饲蚕。《齐民要术》：柘，十五年，任为弓材。二十年，好做犊车材。柘叶饲蚕。可作琴瑟弦，胜于凡丝。

昆虫之属。蚕。荀子《蚕赋》三俯三起，事乃大已。《别录》有原蚕蛾。陶云：是重养者。苏颂《图经》北方不堪复养，恶其损桑。《周礼》禁原蚕。《淮南子》曰：一岁再登，非不利也。然王法禁之者，为其残桑也。今案吾国丝利往时独行五洲，近年外国蚕桑大兴，缫丝织丝皆用机器，吾国但用人功，又不自整理，利入日微。蚕又多病，蚕病始于蚕子，子之病者，必有微细黑点，人目不能察视，应用加六百倍之显微镜遍察蚕子，乃可一览瞭然。遇有黑点之子，则剔除不用，蚕病由此可除，否则病蚕益多，其不病之蚕亦且传染。而病数十年后，中国蚕利殆，必全无甚矣。理化之学不可不汲汲研求也。《群芳谱》云：桑木将槁，蚕食必病。然则欲除蚕病，又当于养桑加之意焉。

货之属。茧丝。《说文》茧蚕衣也。今案邑北境植条桑之所颇多。养蚕茧丝织为绵䌷，为邑之特产。

阳信县

《府志》 绵䌷出阳信县者，色不甚白，然坚细而匀净，故以信䌷著名。

《县志》 邑多条桑，其利甚溥。明，白彦和，保安人。天顺间，为阳信县丞，治行为山左第一。既而令缺，男妇八千余人，诣阙奏请，遂升阳信知县。益励水操，筑学宫，以延多士。巡郊野而课农桑。为令九年，化美俗淳，几于刑措。又，刘准，字平仲，曲阳人。嘉靖初知阳信县。值刘六之变，百姓流亡，县治城郭倾废。十有五年，凡经数令，岁一修筑，民甚劳苦。准至，广招徕，劝农桑，休养生息，与为更始。又，张志芳，阳城人。万历中，知阳信县。课农桑。中使称之曰：天下好官。迁长芦刺史。民泣送三百里，犹不忍释。

民国《山东各县乡土调查录》

阳信县：蚕桑，境内多条桑，专用以采取桑条，为编器具材料。并无树桑养蚕者自已种。蚕校成立以来，竭力提倡，乡民始渐知蚕桑之利。现在颇有起色，前途发达，正未可量也。

咸丰《武定府志》卷十九《宦迹·阳信县》

白琝，字彦和，保安人。天顺间，由监生为阳信县丞。谢绝私贿。创常平仓，恤流移。息讼狱，弥盗贼。劝输逋赋。岁旱步祷，蝗不为灾，治行为山左第一。既而令缺，男妇八千余人诣阙，奏请遂升阳信知县。益厉水操，筑学宫，以延多士。巡郊野而课农桑。为令九年，化美俗淳，几于刑措。

张志芳，山西阳城人。万历末，由乡贡知阳信县。课农桑，旌贞烈，养茕独，置乡约。令民各举善恶，按籍劝惩。值岁祲，请发税银积谷，煮粥赈之。又延医疗疫，收养抛弃婴儿，全活二万七千余人。中使自南来，志芳蔬茗以进，中使曰：君廉吏也。握手至县署，见室无长物，缊袍挂壁间，惟老仆一人煮粥而已，慨叹良久。至京言曰：天下好官，惟阳信一人耳。乃迁长芦刺史，民泣送三百里，犹不忍释。罗拜乞一言为训，志芳曰：屈死莫告状，穷死莫作贼。言未，竟泣数行下，左右皆哭，如失怙恃焉。

宣统《山东通志》卷七十一《职官·宦迹六》

刘准，字平仲，山西阳曲人。嘉靖四年，知阳信县。值刘六之变，百姓流亡，县治城郭倾废。十有五年，凡经数令，岁一修筑，民甚劳苦。准至，广招徕，劝耕桑，省刑罚，均徭役，休养生息，与为更始。岁饥捐俸劝赈，请免税粮，发仓粟数千石，全活者众。官至延安知府。

乾隆《阳信县志》卷一《物产》

丝。《禹贡》青州，厥篚檿丝。阳信地不产檿，所有者桑丝耳。绢。织丝成帛，老者之衣。紬。煮茧撮丝而成，形如布，颇厚密，名

为信紬。桑。邑多条桑，厥利甚薄。柘。俗名柘桑，叶亦饲蚕。蚕。吐丝成茧。

民国《阳信县志》卷七《物产志》

桑。县产分条桑、树桑两种。而树桑又分齐桑、湖桑，其叶均可饲蚕。唯条桑之为用尤广，条可编筐箇，皮可造纸，桑白皮可入药，鲜皮可接骨伤，其果为葚可食。樗，县境到处产，形似椿，唯叶边锯齿。不如椿叶现著，且椿叶带红色略深。夏日开化如圆锥，花序白色而微绿，果为翅果，膜质如豆荚。叶可饲蚕。蚕蛾，樗蛾，均孵子为蚕，可为益虫。蚕，软体动物之一，吐丝成茧，抽丝制绸，为最有益于人生。家蚕分春、夏、秋三性，野蚕有樗蚕、柞蚕之别。丝，唯西南乡有桑条之处，饲蚕缫丝。因纺车与他处不同，丝栊、丝把均欠改良。不能出口，止有赴周村、济南出售。绵，程子务多用蛾茧，张绵可以絮衣被。多售外乡，本地人少能用者。绵绸，亦产程子务附近。炼蛾茧，撚线织绸，质韧而色老，可供西装用。因地方少人提倡，不甚发达。

咸丰《武定府志》卷十《古迹》

桑落墅。《一统志》：有二，小桑落墅在阳信县东南四十里；大桑落墅在县东南四十五里，即府境之永利镇。

咸丰《武定府志》卷四《风俗》

风俗朴俭，男耕女织。

乾隆《阳信县志》卷五《循吏》

白昊，字彦和，保安人。由监生为阳信县丞。谢绝私贿，创常平仓，流移复业，蠲其徭役，资以牛种。贫不能婚者资以帛绢。豪猾相讦，片词立断。草寇奸究，躬自缉捕。积年逋赋、酒醴，劝输而奔走恐后。捐资设馆，监造黄册，不劳民力，期月已完。旱蝗灾，斋诚步祷，靡不立应。莅任五载，岁稔民和。乃告于其长及僚属官吏，恢郭学庙。闻于上台都宪，年公富贾，公铨称为治行第一。赠币褒慰。既而令缺，男妇八千余人合词叩阍，请授为令。益厉水操，化美俗淳，几于刑措。巡行郊野，劝课桑农。男不积薪，女不纺绵者，薄示惩责，以警游惰。九年之内，增里三千有六，增户四千一百，增丁一万三千二百。造书舍于学宫，以延多士，祈寒暑雨，讲读不辍。成化、弘治间，真儒辈出，李逊、唐恺、韩荆、毛思义、董琦俱为大贤，公之力也。入名宦祠。

乾隆《阳信县志》卷五《循吏》

刘准，字平仲，阳曲人。嘉靖四年，由乡贡知阳信县事。邑当刘六之变，百姓流亡，县治城郭倾废。十五年，凡经数令，岁一修筑，民劳且费。侯至一见，恻然。广招徕，劝农桑，省刑罚，均徭役，明节俭。休养生息，与为更始。既而岁饥，捐俸劝赈，请免税粮，发仓数十石，全活甚众。莅任三载，政和岁稔。乃谋于其丞杨公铨、魏公瓒，移文当路，修举百废，民忘其劳。升延安府判，后转为守。

海丰县

康熙海《丰县志》卷四《事记》

世祖至元二十九年五月，无棣桑虫食叶，蚕不成。

康熙《海丰县志》卷三《风土志》

《海丰旧志》曰：男耕女织，多鱼盐之利。畏官守法，少告讦之风。

乐陵县

《县志》 多务农桑。

咸丰《武定府志》卷四《风俗》

多务农桑，崇尚学业。朋比夸诈，见于习俗。其敝也，或失之。舒而缓，侈而丽。《邑志》

乾隆《乐陵县志》卷四《秩官·宦绩》

（明）张淳，迁安人。嘉靖二十年，令乐陵。循行阡陌，劝课农桑，有古循吏风。

乾隆《乐陵县志》卷二《舆地下·物产》

桑。《典术》桑乃箕星之精。《禹贡》兖州，桑土既蚕，其叶饲蚕，其椹可食。蚕。《通志》马精所化，故形马首而龙文。自卵出为妙，蜕而为蚕，三眠而成茧，自裹于茧中，曰蛹。蛹复破茧而出，曰蛾。蛾而卵，盖蚕也。《酉阳杂俎》食而不饮者蚕。丝。以桑叶饲蚕成茧，畴绪为丝。绢：以丝为之。

宣统《乐陵乡土志》卷六《物产》

桑，其叶饲蚕，其椹可食。柘，山桑也，叶饲蚕。丝，桑少，出甚微。丝绸等货，由周村、济南、天津、茂州等处，陆运入境销行，岁约六七千金。

宣统《乐陵乡土志》卷二《政绩录》

臧俊千，字官虞，诸城县人。咸丰间，由举人教谕乐陵。以造就人才为急，问业者门外屦常满，邑中科第多出其门。居官俭约，岁歉，出学租蠲缓之。同治间，捻匪围城急，俊千佐令区划，城赖以完。莅任既久，时游郊外，与父老子弟，劝农桑，讲孝弟，虽妇人孺子俱呼为臧夫子。年逾七旬，捐资倡修圣庙，工竣，始告归。

滨州

《州志》 《宋史·地理志》云：滨州贡绢。元，姜彧，字文卿，莱阳人。世祖初，知滨州。时行营军士多占民田为牧地，纵牛马坏民禾稼桑枣。彧言于中书，遣官分画疆畔，捕强猾者置之法。乃课民种桑，岁余，新桑遍野，人名为太守桑。及迁东平府判官，百姓遮道请留，马为之不行。

咸丰《武定府志》卷十九《宦迹》；咸丰《滨州志》卷八《宦绩》

（元）姜彧，字文卿，莱阳人。世祖初，知滨州。时行营军士多占民田为牧地，纵牛马坏民禾稼桑枣。彧言于中书，遣官分画疆畔，捕强猾者置之法。乃课民种桑，岁余，新桑遍野，人名为太守桑。及迁东平府判官，百姓遮道请留，马为之不行。

咸丰《滨州志》卷六《物产》

货之属：丝、绢。木之属：椿、桑、柘、樗。虫之属：蚕。

利津县

《县志》 明，陶福，浙江临海人。成化时，知利津县。劝农桑，筑堤防水，民赖其利。凡可利民优士者，锐然为之。

光绪《利津县志》卷六《政略》

知县陶福，字天禄，浙江临海人，举人。成化间任。有治才，兴学校，举废坠，劝农桑，增堤防，凡有裨士民者必为之。比去，颂不绝于人口。

知县黄章，字恕涵，浙江钱塘人，官生。康熙十六年，任利津。濒海疲邑，民困杂输，章下车后悉除之。按粮均役，灭羡去耗，一切起解车脚之费，俱蠲资代赔。邑故多隐漏荒田，章奉文清核，倍足常额。复请轻徭薄赋，民始不病。又鼎建学宫，四乡置义学，月给以资，士之贫者，岁终周以钱粟。侠少者流喜斗健，讼名为市虎。章至即，皆屏息。连年屡饥，章自籴谷八十余石，倡绅富共捐谷为粥，以赈春耕之时。课农桑或乏牛种，蠲金贷之。秋后不能偿者，即焚其券。岁己未，诏郡县积谷备荒，章建义仓，四捐谷九十余石，复倡绅士捐谷一百五十余石。时值艺麦贫无种者即以谷贷之，麦收还仓，以备秋时贷借。他如修县署，复养院，创营廨，修城隍等庙，不可殚述。任四年擢胶州牧，去。民为立碑，

以志去思。

咸丰《武定府志》卷十九《宦迹》

陶福，字天禄，浙江临海人。成化间，由举人知利津县。兴学校，举废坠，劝农桑，筑堤防。爱民育士，刚果有为。比去，士民颂之。

程士范，字作模，陕西渭南人。乾隆二十四年，由进士任利津令。纂《县志》，修城垣，崇学校，重农桑。以及请豁荒粮数千两，瘗埋溺尸数千人。重修扬威侯庙，并除飞蝗入境，皆其惠泽之昭著也。而功德之最难忘者，津城东南隅正当河流之冲，屡经涨溢，势难抵御。士范竭虑殚精，建石坝四十余丈，低用木桩，缝皆铁扣，绸缪孔固，历多年而安堵无患，万姓之受福靡穷矣。崇祀贤尹堂，以报之。

沾化县

光绪《沾化县志》卷四《物产》

木属。有樗、桃、杏，桑具不多见。虫属。蚕，养者无几。

民国《沾化县志》卷一《疆域志·物产》

蚕，有柞蚕、桑蚕二种。本县无柞，虽有桑，养蚕者少。

蒲台县

《县志》　桑麻被野，妇织夫耕。明，刘瓒，清苑人。成化间，知蒲台县。开荒田，劝农桑，民安其业。祀名宦。又，王淑，江西新建人。嘉靖时任。课农桑。调繁滋阳。民为之立遗爱碑。

咸丰《武定府志》卷四《风俗》

地苦沙盐薄，人勤纺绩良。王玑诗

咸丰《武定府志》卷十九《宦迹》

刘瓒，直隶清苑人。成化间，由进士知蒲台县。廉明沉毅，有治剧才。建学宫，开荒地，劝农桑。旁邑民将谋盗境内，辄捕得之，人称神异。寻擢御史，官至吏部侍郎。百姓为立去思碑。

王淑，江西新建人。嘉靖四十五年，由进士知蒲台县。操履廉正，明决有为。省里甲之费，禁催科之扰。抚流移，兴学校，劝课农桑，严行保甲。调繁滋阳县。百姓为之立遗爱碑。仕至刑部员外。

乾隆《蒲台县志》卷二《宦绩》

刘瓒，北直清苑人。由进士成化间任。廉明沉毅，有治剧才。建学宫，开荒田，劝农桑，民安其业。旁邑民将谋盗境内，辄捕之，人称神异。秩满，行取擢监察御史，官至礼部侍郎。有去思碑。祀名宦。

王淑，江西新建人。由进士嘉靖四十五年任。操履廉正，明决有为。省里甲之费，禁催科之扰。抚流移，兴学校，劝课农桑，给官牛，裁种马，严行保甲。调繁滋阳。百姓为立遗爱碑。仕至刑部员外。

咸丰《武定府志》卷十《古迹》

石门。《山东通志》在蒲台县东二十里。元，戴贞孝义之门。今其下为桑田。

青城县

《县志》 明，朱大用，句容人。弘治中，知青城县。劝农桑，兴学礼士。秩满，复留三载。

咸丰《武定府志》卷十九《宦迹·青城县》

朱大用，南直句容人。弘治五年，由进士授青城知县。值岁饥，请发粟赈给，全活甚众。劝农桑，剔弊蠹，兴学礼士。凡城池公署壝祠庙，以次修举。秩满，复留三载。飞蝗四起，独不入境。擢衢州府推官。

道光《青城县志》卷七《名宦志》

朱大用，直隶句容县人，进士。弘治五年任。廉明仁惠。岁祲，道殣相藉。公亟请发粟赈之，全活者众。劝农桑，剔弊蠹，兴学礼士。凡城池公署壝祠庙之属，以次修举。六载报政，民不忍听其去，相率请于大僚大吏，以状白，得复留三年，政绩卓卓。

民国《青城县志》卷四《物产志》

桑。有条桑，多种于田畔，皮可造纸，条可编器，叶可饲蚕，并饲牛。丝。有黄白二色，但产不甚多。桑皮纸，此项为本县大宗出产，每年统计可得纸价洋八万九千余元。全县造户凡一百七十余户，以东纸坊、西纸坊所产最多，亦有名。本县既有此天产之原料，若再从而改良制造之方法，扩大其出产，则本县地方经济之前途未可量也。桑条筐。闫家、王天佑家、段家庄，均多编户，出产甚夥。

商河县

《县志》　民务农桑，而好縻费。龙桑寺，在商河县境。相传寺中有桑数十本，夭矫如龙，故名。

宣统《山东通志》卷四十《风俗》

民务畊桑，而好靡费。士多聪敏，而鲜笃学。

咸丰《武定府志》卷四《风俗》

民务耕桑，而好靡费。士多聪敏，而鲜笃学。婚姻丧葬，互相周助。绰有古风。《邑志》

民国《商河县志》卷二《实业志·货物制造属》

丝，蚕茧缫丝，运销周村等处，做丝织品。

咸丰《武定府志》卷十《古迹》

龙桑寺。在商河县境。相传寺中有桑数十本，夭矫如龙，故名。今存桑条一株，亦屈曲可观。以上二条新采入。

卷五

临清州*

《通志》 《宋书》:“博州贡平绌，南粉光绫。”今南粉光绫不知何地所出，惟临清州尚有织平绌者。国朝，杨芊，湖广人。知临清州。春秋巡行郊野，劝民耕种树桑，蔚然成林。调任时，士民攀送不绝。

乾隆《临清直隶州志》卷一《疆域·物产》

木之属二十有七，桑、柘、椿、樗。虫之属，蚕。

乾隆《临清直隶州志》卷一《疆域·风俗》

民风朴厚，俗尚礼义孝友。不事浮屠，力稼务蚕织。文士斌斌，有古风烈。

乾隆《临清直隶州志》卷六下《秩官·前志治绩》

杨芊，湖广钟祥人。知临清州。首以孝弟力田，与士民期约，春秋则巡行郊野，劝民耕种，开垦荒田，至数十顷。间有隙地，则令树桑插柳，蔚然成林。催科不扰，收漕便民。移建义学，勤于课士。未尝一日自暇逸。调任时，士民攀送不绝。

民国《临清县志·秩官志·历代名宦传》

杨芊，湖广钟祥人。知临清州。劝民开垦荒田百余顷，尽成沃壤。有零星地丁不能完者，不惜千金，代为输纳。于词讼钱粮，民间无胥役之扰。又设立普济堂，惠赖至今。抚宪以开垦有成效题，擢登州知府。

孙善述，字著庭，贵州举人。同治间知州事。政教严明，治盗有方。尤恳恳以农桑为务，城厢隙地，遍令种植，鸡犬桑麻，称繁殖焉。靖西门内，铁窗户堤，向称险工，善述详明，上宪督修，屹然善述。有酷烈声，

* 临清州：清初属东昌府，不领县；乾隆四十一年（1776）升为临清直隶州，领武城、夏津、邱县三县。

而在临多善政。旋卒于官。

陶锡祺，字铨生，江苏阳湖人。光绪戊子，由胶州擢任。首革滥漕之弊，……平时尤加意学校、农桑、水利，扩书院规模，捐俸储书籍，优膏火，多士彬彬焉。筑堤捍水，填淤种桑，水溢旱干不为灾。汶卫两河所以利运，锡祺相视形势，拓塘筑坝，蓄洩得宜。……蝗蝻大起，仍购捕不遗余力。去之日，绅民送者数千人，及河始返。为立生祠，以祀之。

乾隆《山东通志》卷二十四《物产》

平䌷，《宋书》："博州贡平䌷，南粉光绫。"今南粉光绫不知何地所出，惟临清州尚有织平䌷者。

武城县

《县志》 《农桑辑要》六卷，又《农桑图说》二卷，宋，苗好谦著。好谦，武城人。*按，元设司农司，专掌农桑水利，撰《农桑辑要》七卷。颁其书于民，考核详赡，一一切于实用，当时绝贵重之。第三卷，栽桑科斫条云：秦中一法，名曰：剥桑。腊月中悉去其冗，所存之条甚疏。又于所存条根之上，仅留四眼，余者皆去之。其所留者，明年则为柯。其眼中所发青条，可长三熟尺。其叶倍长，光泽如沃蚕。逼老而手采之，独留一向外之条滋长。及秋其长已至寻丈，腊月复科之。如前岁入，则所留之柯繁重，复从下斫去。既周而复始。洛阳、河东亦同。山东、河朔则异。于是必留萌条，疑风土所宜，然欲一试。此剥桑之法，而未果也。

—— // ——

民国《山东各县乡土调查录》

武城县：蚕桑，现时养蚕者较昔年增多。惟习用旧法，未能改良。全

* 陆献混淆城武与武城两地，这也是目前国内收藏三本《山左蚕桑考》，其中两本缺少第五卷的原因，应该为刊刻时发现错误，而人为未刊第五卷。苗好谦为城武县人，然而此处对《农桑辑要》介绍有一定价值。

县桑树约一千四百六十余株，常年出丝约一千三百两上下。

宣统《山东通志》卷七十六《宦迹三》

李湖，字漫堂，江西南昌人，乾隆己未进士。十四年任武城。未至境，即慕前令骆君之贤，及视篆，一如旧政，故骆李齐名。擢宁海州。重修学宫，劝民种柞树，养山蚕，民食其利。擢泰安守，官至广东巡抚。谥恭毅。《宁海志》

宣统《山东通志》卷四十《风俗》

民风朴厚，俗尚礼节孝友。不事浮屠，力稼穑务蚕织。文士彬彬，有古风烈。《武城旧志》

道光《武城县志》卷十四《艺文下》

徐宗干《秋胡行》诗云：妾心如河水，河水清且瀰。桑田十余亩，春蚕眠复起。

龚璁《劝民种树歌》诗云：栽树第一宜栽桑，栽桑之处傍园墙。叶可饲蚕葚可食，家常亦便采桑娘。

宣统《山东通志》卷七十六《职官·宦迹三》

龚璁，字玉亭，贵州遵义人。嘉庆丁丑进士。道光十年任武城。念邑当山左西鄙，地僻学弛，当以振兴文教，激励风俗为先务。捐俸修书院及先贤祠，辟地为讲学堂学舍。筑射圃，更筹款，佽膏火，引诸生，岁时絃诵其中，朔望宣读圣谕，无问寒暑，观者如堵有感泣者。至于勤听讼，严治盗，牒诉渐简，乡井晏如。暇辄驭款段往复田间，以安分乐业相劝勉。又以北方不知蚕桑，作《劝桑歌》，令于隙地遍植之，数年后桑柘蔚然，民获其利。采访册

宣统《山东通志》卷一六一《历代循吏》

北魏，崔宽，字景人，清河东武城人。祖彤随晋南阳王保，避地陇右，遂仕西凉。子衡，字伯玉，少以孝称。孝文时，徙爵武陵公，除秦州刺史，徙爵齐郡公。先是河东年饥，劫盗大起。衡至，修龚遂法，劝课农桑。期年间，寇盗止息。卒赠冀州刺史，谥曰：惠。《北齐本传》

道光《武城县志》卷之七《物产》

按《旧志》，花木之属，载有桑柘。而武民种桑者卒少，盖未知桑利

也。兹将其利附识于左。

《山左蚕桑考》节录

山左饲蚕之桑，皆南中所谓野蚕者也。若仿照南法，区种小桑株，以桑接桑。如接果，然则不野而家。次年即堪采叶，不数年，而郁然成林。况且东省蚕桑较南省更有五便。东省河身高，沟洫不通，往往水旱虫伤之，是虞，惟蚕桑可以济五谷之穷。且东省春多晴，养蚕家尤为相宜，不似南省之春多雨雪，便一。南省地价重，东省价平。东省碱地多，五谷不丰，而桑性不畏碱，便二。南中妇女习针指，工刺绣，地方官若劝蚕桑，尚须设茧馆，延蚕娘以教之。东省则家善饲蚕，人知络丝，所苦者桑不多，桑多则不劝而民从，便三。南方卑湿，桑易生虫，故器用不取桑木。东省近北方，高燥，不但叶宜蚕，而木质亦极坚良，制一切器具可取材，便四。南方饲蚕专以桑，东省则兼用柘桑，且有野蚕，可食椿、樗、椒树叶，自能成茧，便五。《蚕桑简编》云：每桑一株约采叶三四十斤，有桑五株可育一斤丝之蚕，每地一亩种桑四五十株，收丝八九斤，值银十余两。若种谷即收二石，丰年不过值银一两有余。且树谷必需终岁勤劳，树桑只用三农余隙，功孰难而孰易，利孰多而孰寡，必有能辨之者。惟小民可与乐成，难于谋始，要在贤有司乘时因地而利导之也。一邑如栽桑十万树，每年则出丝三万斤。殷实户留地二三亩，或一二家共租数亩，租钱人工所费无多，卖秧七八千株，亦足偿其本。《蚕桑杂记》云：凡养蚕必先树桑，椹初年出桑秧，次年成桑苗，桑苗大如指，分种诸地。又逾年而成接桑，渐渐开拳，拳老叶益繁，易成桑林。种桑秧，宜起地轮，每株去五寸，连密培壅，去根边草，去附枝。每月浇肥一次，浇宜择晴日。种桑苗，宜二月上旬晴天，宜高燥地。每株纵横去六尺许，剪直根留旁根三四，令深入土尺五寸，必理根，使四舒，勿促缩。厚壅土，必力踹之。地中边俱起沟道，使泄水。桑苗本长四五尺者，分种时剪其本略半。俟发旁枝，择其旺者留二三。明年成条又剪之，植壮成干，遂剪其条以开拳。年年于拳上抽条，剪条摘叶，叶多而易为力。盖柳为髡柳，桑有拳桑，物理之相似也。桑之不接者为野桑，野桑有团叶，有尖叶，有碎叶。团者尚可，尖碎者不中蚕食。野桑至把必接之，接桑宜谷雨前晴日。其法离土尺许，以小刀划桑本成八字，皮稍开，即截取好桑条三寸，削其末，令薄如薤叶，插入八字中，使两指相挟，将稻草密扎其处，勿令动摇，迟至五七日便活。二年以后，接条壮则截去，野桑之本成接桑矣。陈君讳斌，浙之德清人。嘉庆间宰合肥，以合肥多旷土，少蚕桑之利，小民生计日绌，因于湖中购蚕种，买桑于苕，人之来者以课民，民由是养蚕，合肥养蚕自此始。《齐民要术》收椹之黑者，剪去两头，取中间一截。种时先以柴灰掩揉，次日水淘去轻秕不实者，曝令水脉干，种乃易生。《氾胜之种植书》种桑，五月取椹，置水中濯洒，取子阴干之。肥田十亩，荒久不耕者善，好耕治之。黍椹子各三升三，合和种之，黍、桑俱生，锄令稀疏调适，黍熟，获之。桑生正与黍高，下平以利镰刈之。曝令燥，放火烧之，桑至来春生，一亩食三箔蚕。按黍一本作大麦，俗说以老椹喂鸟雀，取其粪，拌土即生。《蚕桑简编》夏初，椹熟即可种。留至二三月，亦可掘地段，打土极细。浇粪水，搂起寸许，切不可深，深则不出。又松打草绳，以熟椹横抹一过，掘熟地埋之，法亦便。《蚕桑说》春初取条枝大者，长二三尺许，横压土中，上掩肥土，约厚二寸。半月后萌芽渐长，三月后可四五尺。次年立春前后剪开，移他处。二三年即成拱把。按伏天压桑亦活。

前臬司李手札。种树做到透彻，其余兴除之事，势如破竹矣。每念地方官苟有爱民实心，则因地制宜，均有可办之事。随举一端，做到透彻处，即可以垂之不朽。如贵州向无茧利，有历城陈公，讳玉壂者，由江西同知推升遵义府。见遵义地多产橡，可以饲蚕，遂捐廉，遣人至山东购买蚕种。初年不出，次年又差人再购，并雇觅善饲善浴之人，以及纺织机匠，到黔教民，卒有成功。至今遵义收买茧丝，每年有七八十万出息。有正安州吏目，徐公，讳阶平者，系嘉兴人。亦仿照陈公之事，遣人赴浙觅种，教民养蚕，其利亦兴。至今正安每年有二十余万出息。此两处民人于陈公、徐公家尸户祝，祭祀不忘。现在题请崇祀，查陈公、徐公在任时善政必多，然已无可查考。惟教民饲蚕一端做得透彻，遂能俎豆不祧。且徐公一少尉耳，而实心为民亦遂有不朽事业。彼居高位而浮沉敷衍，卒至宝山空回者，其贤不肖何如也。

夏津县

民国《山东各县乡土调查录》

夏津县：蚕桑，农事试验场及乙种蚕校校园，购种桑秧六百余株，以为全县之模范。至四乡农民，向无养蚕之习惯云。

乾隆《夏津县志新编》卷四《食货志·物产》

木之类。椿、桑、樗、柘。货之类，茧、丝。

乾隆《夏津县志新编》卷六《官守志·政迹》

（明）王之桢，号木叟，山西灵石人。崇正己巳，以少年成进士，来知县事。下车风采奕然，人畏而慕之。适值国家多故，议兵议饷，征铅征鮹，办理精敏，略无滞礙。其莅政爱人敬士，以宽为主。而济之以猛，如劝农桑，兴学校。革催头之役，严角门之禁。减火耗，行木筒，案无留牍，吏不为奸。听断公明，有诬告者，揭其词于壁，刁风因事顿息。至于建城门楼，修城隍庙，设漏泽园，善政甚多。在任二载，当事者廉其才干，调判长芦运司。邑人思之，有德政碑。公立生祠于迎薰门外，春秋祭享，至今百余年不衰。

乾隆《夏津县志新编》卷六《官守志·政迹》

（国朝）方学成，字武工，一字履斋，号松石居士，江南旌德人。为诸生，温醇古朴，笃于孝友，行义不苟。雍正七年，以荐举筮仕山左，署栖霞、邱县。政治公明，廉洁自守，所至著有能声。八年调署夏津县事，下车日，周咨利弊。慨然叹曰：此疲邑，亦瘠邑也。凡有积弊，宿累彻底清查，革除殆尽。严以律己，不名一钱。政尚平恕，不专搏击。务以教养为先，民有一善，必表扬奖励之。有习于狡诈奢靡者，皆从容化导，告诫叮咛，使之自知悛改。尤慎刑狱，鼠牙雀角，多方譬解，俨如家人父子。笞扑从不妄加，犯罪有一线可生，力请于上，必矜

全之。俾得以未减，若察其情恶显著者，又立置之法，未尝少予宽假。境西运河受漳、卫、济、汶之水，田禾庐舍所恃一堤埝耳。每于农隙，即劝民修筑。倘伏秋，水汛长发，必亲驻河干，督率乡民，昼夜防护，风雨凌暴，淋漓被体，弗惜，迄赖以保固地方。水旱斋戒素食，率属步祷，早晚于内署，更焚香告天，愿以一己自受厥咎，毋伤及百姓。偶遇偏灾，陈请蠲赈外，其成灾五分以下，格于定例者，自捐银谷，以抚恤之。至于劝课农桑，催科抚字，隆礼学校，时进诸生，论文讲学，诚意恳恻，有如师弟、朋友之谊。清厘保甲，居民宁谧，至今岁时丰裕，日有起色。雍正十三年，上宪廉其治状，以公才品端方，办事勤敏，审理词讼，一秉至公。征收钱粮，从无差扰。且留心河务，修守得宜。出具考语，保题实授。邑人莫不欢呼称庆。又如募修学宫、文昌阁、城隍庙，以明礼祀。修城浚濠，以资保障。建普济、育婴二堂，以广惠养。重葺义学，以教后进。力行社仓，以备不虞。皆政绩可纪载者。他若社稷山川坛、八蜡庙、衙署、仓库、监狱，皆捐资，次第修理一新，无一丝一粟累民。公性好古，力学于公。余稍暇，仍手不释卷，为文章博雅精警，兼擅唐宋大家之长。书画偶尔挥洒，若不经意，而自然入妙。所著有《四书纲目》、《读书发微》，已刻诗文有《学古斋偶录》、《松华馆合集十二种》行于世。莅任十余载，自奉俭约，依然寒素之风，身无长物，此又非涵养功深者不能也。特摭述大略，质之士庶，舆人之论，皆曰信。故谨志之。

乾隆《夏津县志新编》卷六《官守志·名宦》

董化贞，字兆先，浙江山阴人。康熙二年，以布政司照磨署县事。到任，即力以兴利革弊为己责。又立劝惩之条，使善者知勉，恶者知惧。一时民乐农桑，鸡犬不惊。减火耗，除漕弊旧有书役使费，每石五六钱不等，一切皆去从前之陋习，阖邑称快，而同事者或哂其矫激。至于修学宫，葺城垣，设义学，清保甲，种种善政，不尽书。后积劳成疾，殁于县。士民感思，呈请崇祀名宦。

乾隆《夏津县志新编》卷十《艺文志·诗》

明，户部主事郑质夫《途中朗事次松陵韵》诗云：深村鸡犬寂，平野水烟浮。落日驱牛返，临风放鹤游。阴连桑柘雨，黄近麦苗秋。抚景即真乐，人生何所求。

方学成《壬子夏五月清晓下乡查赈口占并呈同事诸公》诗云：孤城晓色正苍苍，及早传呼出赈荒。策骑宁知多鞅掌，周原深恐有流亡。亲从桑户尝乌昧，遍籍饥氓饱太仓。欲使闾阎尽安抚，斯民端愿济时康。

邱县

《县志》 明，高继凯，贵州黎平卫人。天启间任。询民间疾苦，广树植。今邑人睹大木参天，如莱柏焉。

乾隆《邱县志》卷五《名宦》

高继凯，字我侗，贵州黎平卫人。由举人于天启二年知县。下车即首询民间疾苦，地方利病。谦恭自牧，日与贤士大夫商榷政治，汰冗役，革羡余，节浮费。星驾劳农，劝者赍之，惰者惩之。夜巡，闻纺绩声，即唤其人，赏以示。劝俾民广树植，阡头路左，杂枣、杨、榆、柳为之。今大木参天，绿荫匝地，邑人睹之如莱柏焉。……

乾隆《邱县志》卷一《物产》

木之品。桑、柘。虫之品。蚕。货之品。丝、绢。

民国《邱县志》卷一《地理志·古迹》

先蚕庙。祀黄帝妃嫘祖。在旧县治西南，城隍庙左。知县高继凯就布政司行台旧址创建，久圮。

民国《邱县志》卷一《地理志·物产》

木之品。桑、柘。虫之品。蚕。货之品。绢。

卷 六

兖州府

《府志》 《汉书》云：地惬民众，颇有桑麻之业。桑宜高沃地。弓材，柘为上。叶亦饲蚕。

康熙《山东通志》卷八《风俗·兖州府》

鲁人重织作，机杼鸣帘栊唐李白诗。人务耕桑，朴而不华，有古风趣俱《图经》。

宣统《山东通志》卷四十《风俗》

民邹鲁之交，介济河之地。旧传太公康叔之教民，有圣人之化。其民上礼义，重廉耻。有桑麻之业。君子以材雄自高，小人则敝野难治。《明一统志》

万历《兖州府志》卷二十五《物产》

桑。枝干修竦，叶大有刻缺，可饲蚕，其子椹。《禹贡》济河，惟兖州，桑上既蚕，是降丘宅，有厥贡檿丝。柘，叶粗硬，亦可饲蚕，然枝条婀娜，叶大仅如掌耳。丝。《释文》云蚕所吐也。一蚕为忽，十忽为丝。蚕眠成茧，茧缫成丝绵。细丝亦曰纩，字亦作洸。《禹贡》兖州，厥贡檿丝。《周官》典丝掌丝入而辨其物，以其贾揭之。陆龟蒙《素丝赞》为线补君衮，为弦系君桐。左右修阙职，宫商还古风。端然洁白心，可与鬼神通。紬。即缯绞线织者，曰线紬。捻绵为线。而织者曰绵紬。北丝纘织者，曰丝紬。亦有山茧丝织者，为山茧紬。久而不敝，沂费之处有之。绵。《禹贡》厥贡篚织纩。《日南国》岁贡八蚕之绵。《左传》楚子围萧师，人多寒。王巡三军而抚之，三军之士，皆如挟纩。《王褒颂》荷毯被毛者，难与道纯绵之丽密。

万历《兖州府志》卷三十《群祀》

马质禁原蚕者，按原再也。郑玄曰：天文辰为马。《蚕书》蚕为龙精，月值大火则浴。其种是蚕，与马同气。物莫能两，大禁再蚕者为伤马欤。

万历《兖州府志》卷五十二《仙释》

园客园客者，济阴人。姿貌好而性良，邑人多以女妻之，客终不娶。常种五色香草，积数十年，食其实。一旦有五色蛾止其香树末，客收而荐之以布，生桑蚕焉。至蚕时，有好女夜至，自称客妻，道蚕状。客与俱收蚕，得百二十头结茧，皆如瓮大，缫一茧六十日。始尽讫，则俱去，莫知所在。故济阴人世祠桑蚕，设浴室焉。

万历《兖州府志》卷四《风土志》

山邑以野茧为紬，他邑捻绵为紬。妇女务为蚕桑，织丝为绢，亦能为绫。绫甚坚密，不能为他织文矣。

宣统《山东通志》卷七十二《官职・宦迹七》

程学博，字近约，湖广孝感人。嘉靖己未进士。文章孝友，望重一时。为工部员外郎。迕江陵意，出守兖州。至则浚漕河，除陋弊。择郡中沈潜之士，讲明性理。虽赋性刚介，而和易待人。不期年，民乐耕桑，士娴礼义，人有伊川再见之称。后以太仆卿致仕。

光绪《再续高邮州志》卷二《民赋志・风俗》

《蚕书》，邑人秦观著。

予闲居，妇善蚕，从妇论蚕，作《蚕书》。

考之《禹贡》扬、梁、幽、雍，不贡茧物，兖篚织文，徐篚元纤缟，荆篚元纁玑组，豫篚纤纩，青篚檿丝，皆茧物也。而桑土既蚕，独言于兖，然则九州蚕事，兖为最乎？予游济、河之间，见蚕者豫事时作，一妇不蚕，比屋詈之，故知兖人可为蚕师。今予所书有与吴中蚕家不同者，皆得兖人也。

滋阳县

《县志》　素产文绫，颇轻靡。盖鲁缟之遗焉。按，《寰宇记》云：*兖州出

* 《太平寰宇记》卷二十一《兖州土产》：《禹贡》漆丝织文，镜花绫，绢。《太平寰宇记》，乐史撰，是北宋初期著名的地理总志。其所载府州县沿革，多上溯周秦汉，迄五代、宋初，尤其是对东晋南北朝、五代十国的政区建置，较其他志书详尽，可补史籍之缺。府州下备载领县、距两京里程、至邻州的四至八到、土产，县下记录距府州方位里数、管乡及境内山川、湖泽、城邑、乡聚、关塞、亭障、名胜古迹、祠庙、陵墓等，篇帙浩繁，内容详赡。

镜花绫、双距绫。山茧出河南者，西贾贩至兖。男妇老幼俱捻线织紬，外来贾售去河南。茧丰收，外贾来，则居民饶裕，否则困。

民国《山东各县乡土调查录》

滋阳县：蚕桑，全境约有桑树三万八千余株。乡民养蚕向用旧式。近由甲种农业学校蚕科，竭力提倡，改用新法，故该邑蚕桑事业日见进步，每年出丝约三万余两云。

万历《兖州府志》卷四《风土志》

滋阳县，其士风和厚雍容，不事奔竞。民亦畏法，无粗犷习。地产文绫，有镜光、双距之号。雅称轻靡，盖鲁缟之遗焉。刺绣女工，自王宫贵室，皆竞为之，他邑不及也。

康熙《滋阳县志》卷三《政事部》

李公之茂，字号七臬。嘉靖四十一年，由举人知县事。为人端格果毅，治尚严肃。理冲疲之邑，而百废俱兴。……公将农桑园地每区一亩三分，给民耕种，取租官办，永著为令，百姓便之。

康熙《滋阳县志》卷二《人民部·风俗》

揖尚左，家尚织。太白诗曰：鲁人尚织，作机杼鸣帘栊。至今犹然。《郡志》云：滋阳地在邹鲁之间，汶泗之会。自元魏至今，为兖州治所。平原旷莽，无高山茂林之饶。土壤埆薄，当南北孔道。赋役烦重，民鲜钜资，亦匮邑也。宗室蕃衍，朱门比屋。服食器用，颇尚鲜华。其士风和厚雍容，不事奔竞。民亦畏法，无狙犷习。地产文绫，有镜光、双距之号。雅称轻靡，盖鲁缟之遗焉。刺绣女工，自王宫贵室，皆竞为之，他邑不及也。

《蚕桑辑要略编·序》徐赓熙

徐州，厥篚之贡，织缟惟良。鲁地宜桑，旧已。近人著《蚕桑问答》，首称荆桑，多葚，叶薄而尖；鲁桑，少葚，叶厚多津。今之土桑，枝干条叶坚劲者，即荆桑之类也。今之湖桑，枝干条叶丰腴者，即鲁桑之类也。凡荆之类，根固而心实，能久远。凡鲁桑之类不必然，故今之种桑者，皆以土桑为本，接以湖桑之条，则根固而叶茂也。由此观之，湖桑名天下，其种其出于鲁桑，奈何鲁人让湖桑以独美，而不复知其始为鲁桑耶，呜呼！自海禁大开以来，中国所恃以抵制外漏者，独有茶丝为出口两大宗耳。方今茶市败，而丝利在。东南各行省，亦较前渐微，若不自加振作，恐中国贫弱之患，终必不可救药矣。昔者齐将伐鲁，闻山泽妇人之义而止，畏其民智开而心力合一也，漆室一女子耳，患愚伪之日起，独倚柱而悲吟。然则匹夫匹妇，皆当有卫国以自卫之计，而可懵焉已乎。余忝权斯邑，适奉宪檄以部领《蚕桑萃编》见督，得与少霑太史，暨诸君子商榷兴办事宜。现于城外买地一区，设局试办。并从上海购湖桑多种，按接桑之法，即以境内土桑为本，接以湖桑之条，使根固叶茂。俟有成效，而广其传也。而滋阳徐君旭川明府，已先我而为此书。时余因公赴郡，观其考核精当，服其用心之勤也。《汉书·循吏传》言富民之道，曰：劝民农桑、畜牧、种树。徐君受代有日，惓惓为滋民计久远。易有之，富以其邻，如使吾邑人士，效其法而推行尽利。是亦滋阳贤长官耻独为君子之志也。他如山场高燥，或谓有不宜种桑之处，则蒙山槲茧之类，未始非鲁地所产也。又在师其意而善变通之，是为序。钦加同知衔署理兖州府曲阜县知县向植谨序。光绪二十六年十一月。

唐时李太白诗云：鲁人重织作，机杼鸣帘栊。至今兖郡城内东南隅奎文街，比户机声札札，犹有唐时余风。然织必需丝，丝必需蚕，蚕必需桑，问其丝则来自邹滕也，问其桑或数村无一株也。农桑衣食之源，历代帝王重之。次我朝自道咸以来，与泰西各国通商，中国出口货以丝茶为两大宗。近则锡兰、印度之茶夺我茶利，丝则日本、意、比诸国请求亦出我上，而言华民，犹不改深闭固拒之习，岂非甘居人下哉。今春忝权斯邑，即钦与滋民兴此大利，无何拳匪祸起，宗社颠危，不暇及此。山左赖袁大中丞定识定力，卒获安全。入秋以后，朝廷转环议款，风鹤渐息。复欲与滋民请求种桑之法，旋奉部颁《蚕桑萃编》二部。然卷帙浩繁，翻刻匪易。爰觅得《蚕桑辑要》一编，复为手摘《萃编》中种桑新法数十条，以附《辑要》之后，广散民间，冀以斯民先课种桑焉。昔唐人诗云：万里江山今不闭，汉家频许郅支和，愿斯民谙此。侍思吾言，慎勿置此事焉，缓图云。钦加同知衔抚提部营务处署理兖州府滋阳知县徐赓熙序。

曲阜县

《县志》 古鲁国，在兖东郊。厥壤瘠卤，无坟衍之利，民鲜生殖，惟事农桑。桑叶厚而少椹，宜蚕，便民用，兼可备荒。

—— // ——

民国《山东各县乡土调查录》

曲阜县：蚕桑，妇女以养蚕为副业，每年出茧约五千四百余斤。全境桑树现有三万余株。

宣统《山东通志》卷四十《风俗》

礼义之国。《周礼》之遗，莫不尊儒，慕学彬彬。《尔雅》荐绅之家，穷治经术，讲明礼乐。其他亦敦朴，鲜词讼，以至公门为辱。乡分为三，西忠信、东智仁、北礼义。鲜货殖，专农桑。冠婚丧葬，一禀典礼，古道为犁，然焉。参《曲阜志》

乾隆《曲阜县志》卷三十七《物产》

桑叶厚而少椹，宜大蚕，其叶兼可备荒。

织绢以为鲁缟，缫蒙山槲茧，以为山紬。

乾隆《曲阜县志》卷五十四《风类》

蚕绩美子皋也，成人有其兄死而不为衰者，闻子皋将为成宰，遂为衰，成人歌之。蚕则绩而蟹有匡，范则冠而蝉有緌，兄则死而子皋为之衰。

桑户刺狂也，子桑户，孟子反，子琴张三人相与友。子桑户死，未葬，孔子闻之，使子贡待事焉。或编曲或鼓琴相和而歌。嗟来桑户兮！嗟来桑户兮！而已反其真，而我犹为人猗。

民国《曲阜县志》卷二《物产》

桑。《史记》齐鲁千亩桑麻，足征鲁地多桑。今犹有古风也。

民国《曲阜县志》卷五《政教志·实业六》

东郭外迎春场，植洋槐数百株。东门及南门外沿城濠一带，种桑数百株。均异常繁盛，饶有风景。

宁阳县

《县志》 土颇膏沃，宜桑麻。植柿枣，亦利。

光绪《宁阳县志》卷六《风俗》

(《旧志宁阳》)力田者十九，皆仰藉天时。妇女劳于馌饷，少纺织。蚕桑亦罕贸易不出乡土，工技不作淫巧。

光绪《宁阳县志》卷六《物产》

木类。桑、柘、槲。虫类。蚕。兖徐之域，自古宜蚕，方割澹灾，首登莱土。降及汉代，《兰台志》鲁以为民有农桑之业。《太史传·货殖》亦云：齐鲁之间，千亩桑，其人与千户侯等。故汉于齐置三服官，供尚方服，御蚕事，所入其利溥矣。……蚕织俱废，杼轴久空，非徒无以收抱布贸丝之益。乃至卒岁所需，尚不得不握粟而谋诸市贾，此诚坐失其自然之利者也。

宣统《山东通志》卷百三十六《艺文志十·农家》

《蚕桑录要》五卷，黄恩彤撰。恩彤有《三国书法》，见史部正史类。《县志》载，恩彤是书序曰：间于定省之暇，取前明阁老徐文定公所辑《农政全书》浏览一过，于中蚕桑一门，颇为详悉。惜其蒐采繁富，尚少剪裁，往往重复错综，首尾颠倒。用是殚心校勘，重加排比，芟冗录要，汇纂成书，第为五卷，共分三十六目，八十六条。凡蚕事之利弊功过，先后次序，与夫桑之品类，以及树艺之宜，采捋之方，厘然井然，寓目可了。非敢云复桑土之旧俗，广《货殖》之遗编，庶几方隅生计小有裨益云尔。《宁阳县志》

光绪《宁阳县志》卷十九《艺文·序》

《蚕桑录要》序，黄恩彤

古者蚕事与农事并重，匹妇不蚕是谓失职。自天子、诸侯必有公桑蚕室，后、夫人躬桑亲蚕以为民倡，载在《礼经》，至为隆备。山左徐兖旧域，自古宜蚕。怀襄初奠，桑土肇兴，织文纤缟，列诸方物。太史公传《货殖》亦曰：齐鲁之间千亩桑，其人与千户侯等。汉于齐置三服官如今织造，乘舆服御，咸取给焉。盖桑蚕之利溥矣。自典午南渡，沦为戎索。厥后南北兵争，民靡安处，旧俗渐失，蚕功亦废。繇是遗法传入江南，而河济之间迄今邈焉难复。余宦游吴越，爰及岭海，所至观风问俗，野多闲闲之阴，室有札札之响，盖鲜不以蚕桑为亟。比乞养归田，询诸父老，大抵视若缓图。间有富室闺娃、蓬门寒女，闻戴胜而夙兴，执懿筐以从事，又未免卤莽灭裂，十无一获。偶有薄收，得不偿劳。良由素乏讲明，罕喻厥理，唐肆求马，洵可忾叹。间于定省之暇，取前明阁老徐文定公所辑《农政全书》流览一过，于中蚕桑一门，颇为详悉。惜其搜采繁富，尚少剪裁，往往重复错综，首尾颠倒。闾阎寡昧之士，猝难得其伦脊。用是殚心校勘，重加排比，芟冗录要，汇纂成书，第为五卷，共分三十六目，八十六条。凡蚕事之利弊功过，先后次序，与夫桑之品类，以及树艺之宜，采捋之方，厘然井然，寓目可了。将于量晴课雨之余，与田翁野叟肄业及之，俾各教其家，相率而勤妇职。非敢云复桑土之旧俗，广《货殖》之遗编，庶几于方隅生计小有裨益云尔。

邹县

《县志》 明，许守恩，泾阳人。万历间任。劝课农桑，节省财用，诚心实政，不事文饰，吏民德之。枣土宜也，民不树，许令有地百亩者，树枣百种。亲下闾阎，视勤惰而赏罚之。后值岁饥，诸郡邑多逃亡，邻民以枣继赈，独得全活。擢监察御史。

民国《山东各县乡土调查录》

邹县：蚕桑，县内养蚕及缫丝均系农家兼营，户数殊难确定。全境桑树共计二万二百余株，每年收桑茧四万六千余斤，椿茧三千余斤。

康熙《邹县志》卷三《风俗》

精耕耨，巧绸织，善栽种，勤牧养，以自食其力。

四月节立夏，邑人下乡处就农桑业。

康熙《邹县志》卷二《名宦》

许守恩，陕西泾阳人。万历八年，以进士知县事。劝农节用，诚心实政，不事文饰，号宽仁长者。据《旧志》叙云：书其收辑也。后擢为御史。士民为之立碑，与金章并祠，至今人称三异云。

韩峰起，字伯伏，直隶盐山县人，丁酉举人。康熙二十七年二月任。公性俭朴，蔬食布衣。建义学，延师训士。劝课农桑，折狱平允，不事敲扑。积峄山香资，重修学宫，著圣谕解义。捐挑新河济运，建平阳桥，修南北大路二十里，建石桥四座，民无病涉。修城浚壕，栽植柳株。十载，政平俗美，年老告归。

光绪《邹县乡土志·政绩录》

桑茧，桑土既蚕，今亦犹古。本境桑茧缫丝行销兖郡，及长山周村等处。不能缫丝之茧捻线，可织本色绸。椿茧，以椿叶饲之，一岁作茧五六次。所缫之丝，机工织成，名曰椿绸。槲茧，产费县。贩至本境，捻丝织之，名山绸。

光绪《邹县续志》卷二《方域志·风俗》

附邑人王仲磊邹鲁岁时记

正月，三日，农妇操箕帚，卜田蚕。十六日宜暖蚕童子。

二月，谷雨扫蚕。

四月，蚕事毕，宜缫茧。工人织花绢、素绢、茧紬、茧缎。

五月，田家早起采枣花、桑叶为茶。

十月，霜降田家取桑叶为茶。

泗水县

《县志》 风俗敦厖，民尚耕织。西邻曲阜，大略相同。元，孔颜孟三氏学教授赵本《务本园记》云：天下之事，莫难于创始，举世所无，而特创行之，非全乎仁心仁政之君子哉。迩年，山东宪司刊梓《务本》，书行下诸郡邑，而守令往往束之高阁，盖不知兴利布惠有独见之明也。泗水县尹孔公雍甫，名之严*，来莅是邑。条教颁乎民者，有纲有纪，甚切而明，有务本园焉。公甫下车，即以农桑为先务。泗邑沙土硗薄，虽有种桑之家，乏井水浇灌。而民之窳惰者，并不知栽莳，惟报虚册。公以风土所宜，于郭西里许，僦民田七亩画为一区，兼得三井。乃于戊寅谷雨中播椹，为八百余畦。涉夏徂秋，芽叶稠生，茁茁然。成桑栽无万数，以劝课阖境之民，民之厚其生也，有日矣。爰扁其门，曰：务本园。余观其园护搭，盖灌溉井井有条。躬行劳来，而田野不能不辟，虚册免于官，实惠及于民，斯园也。推而行之，诚可为天下法。余惟孔子富之之言，亦教之树畜而已。州若府初行讶之，民亦疑之。公力主不移，迄有成功噫！众以为难，而公以为易，非吾圣人之后有仁心仁政之孚于上下而能若是乎。按，此可为官桑田法，郑子产开亩树桑，盖前乎此矣。若扩而充之，嘉惠何穷。今陕西中丞杨密峰先生，前守汉中时，曾种桑于汉台之麓。不数年，而汉中栽成六十万株。见《蚕桑简编·叙》，六十万桑，以亩种百株计之，为田六千亩。

民国《山东各县乡土调查录》

泗水县：各庄农家多植鲁桑饲蚕，向用土法。近自乙种蚕校校长率同该校学生实习，养蚕颇著成效。故乡民渐知新法，跃跃欲试者，日见其

---

* 孔之严，元代知县。

多云。

光绪《泗水县志》卷六《食货志·物产》

木类。桑、柘、槲。枲类，丝、贝土名棉花。虫类。蚕。

光绪《泗水县志》卷九《风俗志》

大抵泗民业农桑者居多，喜树植，事畜牧。士及工贾皆不废农事。

光绪《泗水县志》卷四《名宦志》

（元）县令魏忠洁，南宫人。皇庆元年任。不动声色，不施刑罚。劝农桑，均赋役，简词讼。民为刻石，以志去思，有教谕李敬碑记。

光绪《泗水县志》卷十五《艺文二》

《务本园记》，赵本孔颜孟三氏学教授

天下之事，莫难于创始，举世所无，而特创行之。匪全乎仁心仁政之君子，孰能与于此？迩年，山东宪司刊梓《务本》，书行下诸郡邑，时守令往往束之高阁，所以然者，盖不知兴利除害、惠而能政，有独见之明，故也。敢望其进此而有为邪。予游鲁东，闻大成至圣文宣王五十二代孙，从仕郎，济宁路泗水县尹孔公，雍甫，名之严，来莅是邑。条教颁乎民者，有纲有纪，甚切而明。其奉公招诱之效，则逃户复业，其转移动荡之机，则奸猾兴善。以劝农言之，又有务本园焉。询其本末，在至元戊寅谷雨中，公下车甫尔，即以学校、农桑为先务。爰相是邑地形，沙土硗薄，虽有种桑之家，井水浇灌不前。又民之穷惰者并不知栽艺者，虚报其数，以纾目前之急。公以风土所宜，于郭西里许，僦民田七亩划为一区，建立垣闳，兼得北垣堧三井。便播葚为八百余畦，今适涉夏迨秋，芽叶稠拶，茁茁然，成桑栽无万数。将俵于阖境之民，民之厚其生也，可翘足而待。故扁其门揭曰：务本园。兹予诣其所获，观围护搭盖，灌溉咸有其术。攒乡聚户，力役均牌，臬明而人无怨。躬行劳来，敦详劝惩，而田野不能不辟。举知虚册免于官实，惠及于民，且较其栽数，分给多寡，得以不下堂而知民之勤惰矣。斯园也，与梓泽玉津，岂啻霄壤不侔哉。推而行之，诚可为天下法。一日监县，奥来等命，予文诸石，予推孔子富之之言，非家粟而人镪之也，亦教其树畜而已。龚黄所以称贤者，由此道也。如孔公创此园，其惠民踰于龚黄矣。然初申于州若府，州若府讶之，民为傭役者，亦疑之。公力主不移，迄今有成，无不欣欣焉。噫！众以为难，而公以为易，非吾圣人之后，有仁心仁政能孚于上下而克然欤。然而公之心犹以为未足也。近董群吏讲书，率励民间子弟，皆弦诵所期，礼乐盛兴，而俾人人与己同其乐也。是宜并而刊之，传于天下，在官之贤者准则而行。《唐史》称协气嘉生熏为泰平端，于是乎，始矣，而为之记。承务郎婺州路浦江县尹杨德朴立石至元五年也。

滕县

《县志》 明，马文盛，汉阳人。弘治间，任滕。缮治城池道路，植柳栽桑，始若拂民，民终赖之。仕至户部尚书。

民国《山东各县乡土调查录》

滕县：蚕桑，境内蚕业皆为农家副业，常年出丝约四万三千二百两。计有桑树一万五千株。

康熙《兖州府志·山川·滕县》

蚕母山。在城东南三十里，其上有桑，霜降不落，故名。其东为落凤山，起伏如波浪，相传有凤凰落此，故名。山前有玉华泉，又东南十里为三山，山如笔状，其下有泉。

乾隆《兖州府志》卷二十二《宦迹志》

马文盛，湖广汉阳人。弘治间，以进士任滕县知县。为人刚果敢行。好兴作，建性善书院以课士。缮治城池道路，植柳栽桑，始若拂民，民终赖之。官至户部尚书。

道光《滕县志》卷三《方物》

至土之所出，间有丝、绢、绵、紬、粗布，不足以自给。

光绪《滕县乡土志·政绩录》

（明）马文盛，湖广汉阳人。以进士仕。为人刚果敢行。好兴作，采孟子性善之言，建性善书院以课士，如文庙、城池、道路，皆缮治，置柳栽桑，始若拂民，民终赖之。三年以忧去。有去思碑，黄文雍为之记。见《府志》

赵邦清，字仲一，陕西真宁人。由进士任。为人朴率有风力，不畏强御。治滕如治家，课农桑，督纺绩，如入其室而代为谋。滕地大率山瘠湖腴，邦清履亩均丈，以五等定赋，则而民免以薄田输重租。各乡立社仓，蓄谷备赈。均户徭，定社图。建丁地石室于县堂之右。一邑井如，百姓蒙休焉。植树表道，自界河而南数十里，柳阴蔽日。左右引泉脉为渠，艺藕花，行人出其中，香风冉冉，真花县也。实政备见《治滕录》。父老怀思之，比之召父杜母云。汤义仍先生尝称为真学问，真经济。万历二十七年升吏部主事。立生祠界河南。《见府志》。

光绪《滕县乡土志·物产》

丝。土人织为绢包，头腰巾，最坚韧。

峄县

《县志》　明，王黼，怀庆人。正统时，知峄县。廉明仁惠，招抚流移，复业者万余口。教民树艺，课每丁，岁植桑枣百株。治行为山东第一。按，峄县四万余户，不下十万丁。每丁植桑枣各五十株，计栽五百万株桑。养蚕出丝，岁增二百余万缗。

—— // ——

民国《山东各县乡土调查录》

峄县：蚕桑，接桑二千三百五十株，椹桑六千余株。养桑蚕者约五百户，椿蚕者百户，缫丝者七户。均用土法。

乾隆《峄县志》卷一《风俗》

峄近圣居，士知好义，民重农桑。其僻处，山谷朴野，几同太古。惟运河八闸内居人市贩，习狙诈。询其风俗，在淳浇质文之间。《峄县志》

乾隆《峄县志》卷一《风俗》

外史氏，又小东氏云：峄湿地宜柳，原地宜桑，高地宜桐，沙地宜姜。

乾隆《兖州府志》卷二十二《宦迹志》

（明）王黼，河南怀庆人。正统初，以举人任峄县知县。廉勤仁恕，俭朴寡欲。民有争讼者，温语劝论，不事成刑。教民计丁，岁植桑枣百株，妇一百岁，备蔬百斤。民有逋逃，辄尽力招来，贷牛种耕具，使之居业，闻风而归者万余口。捐俸金，新学舍。暇日诣讲堂，为诸生陈说经义，士类聿兴。居九载，治行为山东第一考绩。赴京邑，民伏阙留任，玺书褒谕，还峄复任九载，政绩益懋。及去，士民争卧车下，留冠履，立石纪之。

万历《兖州府志》卷四《风土志》

峄县，鲁与齐楚之交地，多山水。饶沃殷厚，民以耕桑自给。其俗质直礼让。

光绪《峄县志》卷七《物产略》

男以耕，女以织，王政所必先也。故谷之下，次以蚕桑。而峄之蚕有四，家蚕食桑、椿蚕、山蚕食槲、椒蚕，其茧大小不一，而丝皆光泽适用。至棉，山地处处有之，花长质细尤甲他产，故邑布帛之属七，绢、椿绸、山绸、捻绸、粗布、紫花布、织绒羊绒织成。昔时固多织者，近妇女拙，不能为茧棉，皆外鬻之，而衣服反仰于人，异已。桑、樗、柘、槲有尖、圆叶二种、柞子名橡，可染青，……桑、椿、槲、椒、柘，可蚕。

乾隆《峄县志》卷七《职官》

王黼，字文绣，河南河内人。正统初，以举人任。仁恕廉洁，勤于政治。民有争讼，据理劝谕，以口舌代鞭朴。教民食力，每丁岁树桑枣百株，妇一人，备蔬百斤。招徕逋亡，贷之耕具谷种，归者万余口。捐俸新学舍，公余辄诣讲堂诸生学业，士类奋兴。尝岁旱祷雨，立应。邑有蝗灾，斋戒省过，蝗辄出境。在任九载，以报最赴京。邑民伏阙吁，留者千人，诏可之，仍赐玺书褒绩，益懋。年八十，以老乞休。士民哭泣不忍离，如失慈父母。已去，为镌德政碑，县治前。祀名宦。

汶上县

《县志》 负山而居者，守桑麻之业。唐，李白《东鲁行答汶上君》* 诗云：五月梅始黄，蚕凋桑柘空。鲁人重织作，机杼鸣帘栊。宋，文天祥《过汶河》诗云：桑枣人家近，蓬蒿客路长。**

康熙《汶上县志》卷四《政纪·风俗》

至于庶民，惟负山而居者，谨守桑麻之业。其余瘠土，亦勤于稼。

康熙《汶上县志》卷七《杂志·物产》

货之属。绢，土人不勤于蚕，仅有之。木之属。桑。虫之属。蚕。

阳谷县

《县志》 元，孟遵道，济南人。泰定初，为阳谷县尹。劝农桑，均赋役。去后，民立石颂之。国朝，苏名傑，字汉三，陈州人。康熙间任。清牌甲，劝桑麻，功难殚述。祀名宦。

民国《山东各县乡土调查录》

---

* 李白《五月东鲁行，答汶上君》："五月梅始黄，蚕凋桑柘空。鲁人重织作，机抒鸣帘栊。顾余不及仕，学剑来山东。举鞭访前途，获笑汶上翁。下愚忽壮士，未足论穷通。我以一箭书，能取聊城功。终然不受赏，羞与时人同。西归去直道，落日昏阴虹。此去尔勿言，甘心为转蓬。"

** 文天祥《过汶河》："中原方万里，明日是重阳。桑枣人家近，蓬蒿客路长。引弓虚射雁，失马为寻獐。见说今年旱，青青麦又秧。"

阳谷县：蚕桑，全境桑树五百余株，每年出丝三千五百两左右。

乾隆《兖州府志》卷二十二《宦迹志》

（元）李谦，保定束鹿人。世祖时，为阳谷县尹。才能敏捷，敦教化，重农桑。断狱明允，民有以罪被收者，隶杀之，诬以自刺。谦验其无血，疑之，乃取二鸡，杀其一流血，其一扑杀之，复刺之，无血隶，遂伏。时有嘉禾，一茎数穗，民谓德政所致。去后，立石颂之。

孟遵道，济南人。泰定初，为阳谷县尹。劝农桑，均赋役。剖决如流，县无滞事。去后，民立石颂之。

苏名傑，字汉三，河南陈州人。康熙三十八年，任阳谷令。明敏严毅，吏畏民怀。清牌甲，劝桑麻。年饥放赈，岁晚讲约。囚无疑狱，乡无冤民。功难殚述。至今，名宦祠祀之。

寿张县

《县志》 国朝，黄肇新，字亦周，洛阳人。康熙间任。著农书，以劝耕桑。时有麦秀两岐之颂。

民国《山东各县乡土调查录》

寿张县：蚕桑，妇女养蚕，沿用土法。近因乙种农校整理桑园，改良饲育，乡民渐知效法。计全境桑树约四万余株，常年出丝约在四万两左右。

乾隆《兖州府志》卷二十二《宦迹志》

黄肇新，字亦周，洛阳人。康熙二十年，由恩荫任寿张令。赋性耿介，居官廉能。减徭役，以宽民力。著农书，以劝耕桑。捐俸修建，不劳民力。亢阳祈祷雨，辄如期而至。时有麦秀两岐之颂。

光绪《寿张县志》卷一《方舆·风俗》

先王有礼教之遗，故民多敦庞，俗尚质朴。士安于庠，农耕于野，工乐于艺，贾勤于市。甘淡泊，鲜奔竞，尚节气。近粗率妇女纺绩，几于家喻户晓。惟失业之夫，易为邻匪勾引，时有萑苻之聚。

光绪《寿张县志》卷五《职官》

黄肇新，字亦周，荫生，洛阳人。康熙二十年任。性耿介。减徭役，劝耕桑。捐俸修城垣、文庙、奎星楼、关帝庙、城隍庙，不劳民力，焕然聿新。遇亢阳，斋戒祈祷，不出三日，降甘雨。四封麦秀两岐，连年献瑞。闻升任，合邑士民公呈禀留之，奉藩批黄令。历任九载，才品兼优。寓抚字于催科，藏精明于浑厚。刑清政简，盗息民安。以奖励之，升云南寻甸州知州。士民立石颂德。

卷七

沂州府

《府志》 民淳物阜，桑土繁滋。桑有二种，鲁桑叶大而厚，蚕食之，茧亦厚。花桑叶多，歧而薄，蚕食之，茧亦薄。柞性坚忍，其叶饲山蚕，缫丝织茧，其实为橡，橡壳可染。早王士正《山蚕词》云：清溪槲叶始濛濛，树底春蚕叶叶通。曾说蚕从蜀道险，谁知齐道亦蚕丛。那问蚕奁更火箱，春山到处是蚕房。槲林正绿椒园碧，闲却猗猗陌上桑。春茧秋丝各自谙，一年三熟胜江南。柘蚕成后寒蚕续，不道吴王八茧蚕。尺五竿头络色丝，龙梭玉镊动妍姿。红闺小女生来惯，中妇流黄定未知。* 山茧绌，号为沂产，然民贫力薄，日就粗恶，远不逮登莱矣。按，《沂州府志·农桑志·序》云：国有农桑，民之本图，系焉。阅诸志所载，无及此者，今特补之。使百姓咸知衣食之原，云云，可谓通达治体矣。

乾隆《山东通志》卷二十四《物产》

槲茧，沂水蒙费皆有，以槲叶饲蚕成茧，故名。

康熙《沂州志》卷一《政事部·农桑》

王制，夫人蚕缫以为衣，严民间妇女宜勤蚕事。宣德四年，申明洪武中种桑枣之令。桑有二种，叶大者名鲁桑；叶小者为花桑。种法，二月撒子，苗长尺许，粪壅。冬月烧去其梢，以草盖之。来春发出，止留旺者一枝，余皆芟去。次年锄熟地，宽行栽之，行不可正对。压法，春初以长枝攀下，燥土压之，则根易生。腊月凿断移栽。修法，正月间削去枯枝及低小乱枝，根旁掘开，壅以粪泥。废法，仲春，择桑本大如臂者约去地二三尺，以刀剔起树皮，取柔枝大如筯长一尺者，削如马耳，插入皮中，以桑皮缠定，粪土包缚，勿令泄气，即活。古桑叶贵贱只看正月之上旬，木在一日则为蚕食一叶，为甚贵；木在九日则为蚕食九叶，为甚贱。又占三月

---

* 乾隆《忻州府志》卷三十五《艺文》收录王士正《山蚕词四首》。

三日有雨则贵，四月有雨尤贵，阴而有雨则蚕大利。过午日不宜锄桑园，蚕事备载蚕缫篇，不赘。

乾隆《沂州府志》卷十一《物产》

桑，有两种。鲁桑叶大而厚，蚕食之茧亦厚；花桑叶多，岐而薄，蚕食之茧，亦薄。其子名椹，可食。与柘为二，柘，不成树，蚕皆食之。柞，性坚忍，其叶可饲山蚕。其实为橡，橡壳可染皂。

乾隆《沂州府志》卷四《风俗》

惟山茧紬，号为沂产。而民贫力薄，日就粗恶，远不逮登莱青矣。

乾隆《沂州府志》卷三十三《艺文》

严禁蚕场之弊批详

分巡青州海防道陈为详请严禁蚕场之弊，以苏民困事，照得自古蚕桑之利不比恒产之赋讵，容罔上浸渔厉民朘削。查青府各属山中民多种树畜蚕，名为蚕场，此不过岭坡洼隈之处，培植树丛，男妇终岁勤劳，丝抽寸积，谋生朝夕，固天地自然之利，实穷黎艰辛之图，讵意地方有司及衙内胥役巧为清查，遂行科敛，一年两次，春秋征收。因之州县定有额规，棍蠹得饱谷壑，即职司道府亦借纠察之名，尚多錙铢之求，历来陋规，牢不可破，上下弊窦，滋蔓益多。不思朝廷设官原以为民，然民兴利，先应为民除害，合当力行严禁，并绝诛求。且小民于农事播种之余，不无水旱交警之忧，灾荒叠见之恐，或借蚕缫之微利，可补衣食之不足，情实可轸也，苦实可恤也。矧墙下之桑，山阿之产，经年胼胝，生息几何？而必欲推求科敛，夺民之利，其为民之父母，何哉？合无详明宪台免究已往之作俑，亟绝将来之流弊。本道监司青郡，察吏安民，自当严饬各属，大张明示，凡有蚕场地方，除镇店集场紬丝交易等项，照依额定杂税给帖外，不得借立蚕场蚕厂名色，私行派敛，庶几，少留百姓一丝之微利，即起残黎一线之余生矣。等因呈祥。康熙二十九年六月十七日。蒙巡抚部院佛批，蚕场乃一方之地利，小民勤苦以补衣食之所不足。东省不肖官员串通衙役、地棍，科扰陋弊，本部院素所悉知。今该道详请禁革，足见留心地方，仰该道出示严禁，如有阳奉阴违者，即行揭报，以凭究处，缴等因到县。蒙此。拟合勒石，永远恪遵，须至碑者。康熙二十九年十月。

兰山县

《府志》　汉，刘宽，字文饶，华阴人。桓帝时为东海相。见父老劝以农桑，勉以孝弟，人感德兴，行日有所化。后入为太尉。按，兰山，汉属东海郡。

民国《山东各县乡土调查录》

临沂县：蚕桑，养蚕者日见其多，但仍用土法。现全境桑树约五万余株，每年出丝约五万两左右。

乾隆《沂州府志》卷二十《宦迹》

刘宽，字文饶，华阴人。桓帝时，为东海相。政多仁恕，蒲鞭示辱。每行县引诸生对讲，见父老慰以农里，少年劝以孝弟。

民国《临沂县志》卷三《物产》

樗似椿，不可食。俗曰臭椿。叶最宜蚕，县境多饲者。木材亦可用。栎即柞，叶尖长，不结实者棫，结实者栩，其实为橡。槲实小于橡，叶掌状，用以为箇，俗名薄落叶。盖不落之转音。柞、槲均中饲山蚕。桑有鲁桑、花桑之分。地非不宜桑，而种植之法未尽善，学校提倡尚鲜进步。柘亦可饲蚕，用者少。蚕，临沂俗尚饲蚕，绢丝茧皆输出品。益以学校之研究，将来可望发达。缯，家茧绩丝成之，俗名绵细。绢，家茧抽丝所织，软洁，为县境纺织品之冠。山细、山茧抽丝制成，亦有名。椿细，较山细为多，椿茧抽丝所制。小茧细，椒茧所制。

民国《续修临沂县志》卷九《实业·蚕业》

古者墙下树桑，农蚕并重。汉唐之兴，见于诏疏，法制者，实以蚕业为竞兢。清季，海禁大开，中外通商，维时出口货物，丝与茶犹为大宗。然自数十年前，印度、日本、义、法等处于养蚕制丝，皆尽量研究。而我国株守成法，毫无进步，遂致蚕业日形衰落。今外人又兼用蔴丝，中丝之销路益隘，盖蚕业几难望复兴矣。虽然数千年古传本业讵可因噎废食，纵不能输出，而民有民享，犹可减轻输入，以塞漏卮。临沂八十五万民众，以养蚕为业者十无二三，而绫缎罗縠，反动用外货，何计之左也。兹志蚕业示民，无忘本计，云尔。

临沂地介青、徐，随在宜桑。惟因近年来丝价跌落，故桑不加多。而蚕及岁见其少，全境只有沟上等村一带尚以养蚕为业，成绩亦颇昭著，此外几无成绩之可言。椿蚕放于椿树，食椿叶。老而抱叶作茧，取以制绸。文质得中，服之适体。惟两手抽丝之法过拙，非日积月累不能成用，故养者极少。

郯城县

《县志》　明，李琦，顺天霸州人。天顺时，知郯城县。劝农桑，兴学校。

民国《山东各县乡土调查录》

郯城县：蚕桑，乡民养家蚕，仍用土法。近乙种蚕校提倡改良以来，该县蚕业日见进步。现全境桑树约有五千株，每年出丝约五千两左右。

乾隆《郯城县志》卷七《秩官·宦迹》

李琦，顺天霸州人。由举人天顺四年任郯城令。庄肃廉谨，吏民畏服。兴学校，劝农桑。断狱明允，狱中有死囚越狱，琦祷于神，其囚若有人縻之者，遂获焉。三载以疾告归，民老幼数千人泣送数十里。祀名宦。

乾隆《郯城县志》卷五《物产》

木之属。樗、桑。货之属。茧䌷、绢、丝。

费县

《县志》　山居谷汲，田多荒弃。向有长吏，加意垦辟，化为沃土，他邑民就食其中，赴之如市。人务耕桑，俗朴而勤。操山茧绌为檿丝以自食。国朝，黄学懃，南陵人。康熙间知费县。履亩劝谕，游手皆归农桑。

民国《山东各县乡土调查录》

费县：蚕桑，民家无不养蚕。惟沿用旧法，蚕多不良。桑树无家不栽，常年出丝，约在五六万两。

宣统《山东通志》卷四十《风俗》

人务耕桑，朴而不华，有古风趣《图经》。学校颇重士气，乡里犹余淳风。拙守耕读，急赋税。但不尚积贮，富者亦无三年之蓄，故一经水旱易至冻馁《沂州府志》。

万历《兖州府志》卷四《风土志》

费县，其民山居谷汲，田多荒弃。近时有贤长吏加意垦辟，化为沃土。他邑就食其中，赴之如市，盖岩邑也。俗朴而劲，人物秀美。科第颇少，仕籍寥寥焉。地善畜牧，有毯毛之利。以山茧为绌，朴而坚密，古所谓檿丝也。

光绪《费县志》卷一《物产》

木之属。槲，槲一名柞。土人呼，小而宜蚕者为栎；大而材者为槲。费山多槲，不知养蚕，自刘公绸兴。始觅得蚕种，养之，辄获巨利。以后沿山遍谷，半属槲林。

光绪《费县志》卷一《风俗》

鲁论子之武城，闻弦歌之声。《汉书·地理志》：其民有圣人之教化。又曰：地狭民众，颇有桑麻之业。又曰：其好学，犹愈于他俗。

光绪《费县志》卷三《宦绩》

杨果，字汝实，号槐泉，山西阳曲人。以吏员起家，为僚淬，所至有政声。万历三年以特荐知县事。时费承彫弊之后，十室九空，果为均徭役，免杂派，减马价。建官庄四百六十处，招来流亡八千八百五十余户，每庄置庄头、庄副各一名。捐俸金，给牛种，三年而后税，转徙来归，户渐殷实。又植桑枣，创蔬园，设义仓、义学，凡有利于民者皆身任之。在任十年以忧去，民感其德，为立生祠肖像祀之。见杨公生祠碑* 丰厚庄有老槐三株，传为果所手植，邑人至今爱之如召棠焉。

黄学勲，江南南陵人。康熙间，以举人知县事。革无艺之供，履亩劝课，戢兵靖民，百姓安之。曾修《县志》。见《府志》

莒州

《州志》　元，刘好礼去思碑云：劝农桑。今之贤守令也。

—— // ——

民国《山东各县乡土调查录》

莒县：蚕桑，家茧约收五万一千三百九十斤，柞茧约收十三万六千六百斤，椿茧约收五百零九斤。全境内所种桑树共七万八千株。

嘉庆《莒州志》卷七《宦迹》

刘好礼，字继先，恩州人。至正五年，莅莒。是岁大旱，好礼齐沐步祷，已而霖雨三日，仍获有秋。明年蝗生，好礼祈于神倏，有虾蟆遍地吞食，尽净。山东盗起，剽掠州县，朝命剿捕，州民诖误者三十九人。好礼研讯得实，以胁从罔治，详请释之。大寇三至城郭，荡坏，好礼悉心规理，导西湖引黄华水环注城濠，四门设桥以限内外。寇知有备，乃不复至。其他善政尤多，修学劝农，多积常平义谷数千石，以备不虞。后以代去，民常思之不忘云。

民国《重修莒志》卷三十八《民社志·农工商业·农业》

县有农事试验场坐落县城南门外，于民国元年秋，县立乙种农业学校所创办。当时即由该校经管之。其他为旧营田，面积一百二十亩。内分普通作物、特用作物，及蔬菜园艺、果树园艺等区。六年春，将东段南一半

---

* 植桑枣三十八万六千七百余株，蔬圃有二。

计地三十六亩，划作桑园。园内共分九区，每区植湖桑九百六十株，共植湖桑八千六百四十株。中段三十亩，划作苗圃以育苗木。西段及东段北一半，共地五十四亩，仍为普通作物、特用作物，及蔬菜园艺、果树园艺等之农场地。十二年秋，归教育局经营。十五年秋，归实业局经营。十八年春，实业局改为建设局，该场圃等改归建设局经营。二十二年，建设局又改为县府第四科，该场圃等又该归第四科经营。二十三年春因所植湖桑已大半衰弱，仍检留生长较旺者三区，占地十二亩，以作桑园。余者悉数伐除，改育树苗。连同西段东一半，及东段北一半，并原来养苗之中段，共地七十九亩，划作苗圃。西段西一半，计地二十九亩，划作农场。植品列下。

民国《重修莒志》卷四十二《风俗》

罗绮不御之风，至今尚尔。妇女居室，无华饰鲜衣者。棉业昔不发达，然种棉者尚多。自洋纱通行，而纺织乃废。山茧之利，限于一隅。蚕桑更不普及，所谓不织而衣者，于莒人见之矣。

嘉庆《莒州志》卷五《物产》

木属。桑，有二种。鲁桑叶大而厚，蚕食之茧亦厚；花桑多岐而薄，蚕食之茧亦薄。其子曰：椹。可食。柞，性坚，其叶可饲山蚕，实为橡，壳可染皂。

昆虫属。蚕，自卵出为蚲。蜕而为蚕。三眠而成茧，自裹于茧中，曰：蛹。破茧而出，曰：蛾。蛾而复卵。

货用属。茧绌，有春茧、秋茧。秋为胜，又饲以椿叶，为椿茧。椒叶为椒茧。绵绌，练家蚕丝，绩线成之。绢，以家蚕丝为之，类绌而薄。

民国《重修莒志》卷六十五《耆德上》

袁文思，字敬斋，邑东九里坡人。家本寒素，至文思始以实业起家，少尝读书，才甚敏。既以贫废学，则佐家人，理生产业，小权子母，利辄赢，家稍裕。时当清季，胶澳租于德，海上贸易渐繁荣，山丝始可出口。莒东鄙皆山，硗瘠不毛，率植栎树，给燃料，间饲蚕者，终以茧丝无销路，业者少。文思始集蚕户，假之资本，俾各就栎场，开放山蚕，茧每岁春秋，可两季收，即按市价买之，觅良工制精丝，运销海外。不十年，山东滨海之区，莒丝输出境，为抵消外货之大宗。而各山蚕户，赖其提倡指导，益善其事，精其业。易其丛林败叶，为布帛，为米粟，为牛马田园。大以富，小以康，皆曰：此袁公赐也。家既富饶，以食指繁，广殖田产。然田之置，仍由田户代为耕，岁计所获，均分之，或尤之曰：吾乡佃农，故有例在。今若此，得无破成例而减收入耶。文思怃然曰：田例吾岂不知，第彼穷苦无告，迫出婚丧，蓄病之不得已，始割亩出售，倘更置他佃，彼等何所赖，而不至父母妻子离散耶？里多流亡，吾岂能坐视而安耶？言者若负芒刺于背，逡巡而退。民国某年，江苏叛军过境，掳村人数十去，袁氏及唐张二氏子皆与焉。军中酷刑逼供家产，文思慨然曰：请勿尔村中人，惟我富，彼皆贫户，赎资惟我出耳。匪军感其意，为减值，则备资兼赎里中贫者，唐张二氏子，故不贫，亦以文思力得脱，文思且代出资焉，乡里皆称其仁厚云。访册

民国《重修莒志》卷五十二《金石》

刘侯去思碑（今佚），即墨令（董守中）

至正五年，恩州刘侯来守是邦。下车视篆，地广民稀，土瘠人剽。乃日夜寅畏，锄强起懦，恩渐义摩，政令大行。是岁大旱，侯乃斋祷，已而霖雨三日。明年蝗生，侯复竭诚祷焉，虾蟆群孳，吞食尽绝。山东盗起，剽掠州县，朝命剿捕，渠魁殄歼。诖误者三十九人，侯详谳得情，以胁从罔治论。大寇三入，城郭荡坏，侯乃悉心规理，导西湖引黄华水环注城池，四门构桥，以限内外。寇知莒有备，咸遁去。至修圣庙，劝农桑，积常平，义粮逾额以石计者二千有奇，尤非他郡所比，诚今之贤守令也。置之循良之列，不亦宜乎。侯名好礼，继先其字，才气豪迈，有士君子之风。及瓜去郡，郡之耆老柳景益因民思之不忘，请予志其事，以久其传。《康熙志》

民国《重修莒志》卷五十五《艺文》

《山蚕词》庄系镇

火箱笼罢狸奴眠，五月新丝上市天。柘叶已残桑叶老，辛勤又到槲林边。山田荦确势嵯峨，轻雨轻寒长槫椤。怪道阿嬛缚帚把，齐来树下系金蛾。年时丝价贵江南，十两湖绸利可贪。齐俗也知蚕四熟，春蚕放罢放秋蚕。今岁椿蚕利过浇齐人呼薄为浇，摘丝懒去掘香椒。冬来若到烧山后，分付工人留上条。东山茧与西山茧，估客牵车一例收。忆自江南新染就，尽

人偏说贵州绸。山绸自南工制染，贩回则名贵州绸。

沂水县

《府志》 沂州出槲茧，沂水蒙费皆有。以槲叶饲蚕成茧者，故名。孙廷铨*《山蚕说》云：野蚕成茧，昔人谓之上瑞。乃今东齐山谷，在在有之。而以沂水产者为良，槲叶初生猗猗，不异柔桑。散蚕槲叶上，听其眠食，食尽，即枝枝相换，树树相移，皆人力为之。弥山遍谷，一望蚕丛，其蚕壮大。亦生而习野，日日处风日中、雨中不为罢。然亦时伤水暵，畏雀啄。野人饲蚕，必架庐林下，手把长竿，逐树按行为之，察阴阳，御鸟鼠。其稔也，与家蚕相后先。然其穰者，春秋凡两熟也。作茧，大者二寸许，非黄非白，色近乎土，浅则黄壤，深则赤埴坟。如果蠃，繁实离离，缀木叶间，又如雉鸡縠也。食槲名槲，食椿名椿，食椒名椒，茧如蚕名，缣如茧名。又其蚕之小者，茧坚如石，大才如指上螺。在深谷丛条间，不关人力，樵牧过之，载橐而归，无所名之，曰：山茧也。

民国《山东各县乡土调查录》

沂水县：蚕桑，该县土质宜桑，土岭甚多，并宜柞树。本地桑十六万七千株，新栽湖桑约二千九百株。养蚕之家分桑蚕、柞蚕、椿蚕三种。全境近今收茧数目，山茧二千三百二十万个，桑茧十五万斤，椿茧五百八十斤。

宣统《山东通志》卷七十二《职官·宦迹七》

汪渊，江西上饶人，进士。正德间，知沂水县。时军书告警，措置裕如。课耕织，建城池，兴学校。士民多颂其政德。《沂州志》

---

* 孙廷铨，字枚先，晚号沚亭，山东益都人。明崇祯时任直隶魏县知县等官职。清顺治二年（1645）荐授河间府推官，后任吏、户、兵三部尚书，谥文定。著有《沚亭文集》、《南征纪略》等书。《山蚕说》为《南征纪略》中的一篇。

道光《沂水县志》卷三《食货·物产》

木属。樗、桑、槲、柞青红白三种、柘、檿。货属。槲茧紬、绢、绵、丝。

乾隆《沂州府志》卷三十三《艺文》

《山蚕说》，孙廷铨益都

按野蚕成茧，昔人谓之上瑞，乃今东齐山谷，在在有之，沂水旧隶青州，山蚕齐鲁诸山所在多有。今他省亦间有之，而以沂水产者为最。与家蚕等。蚕月抚种出蚁，蠕蠕然，即散置槲叶上。槲叶初生猗猗，不异柔桑。听其眠食，食尽，即枝枝相换，树树相移，皆人力为之。弥山遍谷，一望蚕丛，其蚕壮大。亦生而习野，日日处风日中、雨中不为罢。然亦时伤水暵，畏雀啄。野人饲蚕，必架庐林下，手把长竿，逐树按行为之，察阴阳，御鸟鼠。其稔也，与家蚕相后先。然其穰者，春夏及秋，岁凡三熟也。三熟误，凡夏秋两熟。夏熟者即春茧也。作茧，大者二寸以来，非黄非白，色近乎土，浅则黄壤，深则赤埴坟。如果蠃，繁实离离，缀木叶间，又或如雉鸡壳也。练之取茧，置瓦釜中，藉以竹叶，覆以茭席，洗之用纯灰之卤，藉之虞其近火而焦也，覆之虞其泛起而不濡也，洸之用灰柔之也。厝火焉，朝以逮朝，夕以逮夕，发覆而视之。相其水火之齐，抽其绪而引之，或断或续，加火焉，引之不断乃已。去火而沃之，而盝之，俾勿燥。澼之不用缫车，尺五之竿，削其端，为两角，冒茧其上，重以十数，抽其绪而引之。若出一茧，然则练者工良也。竿在腋间，丝出指上，缀横木而疾转之，且抽且转，寸寸相续。巧者日得三百尺，或有间缀，日得一二百尺，或计十焉，积岁乃成匹也。旧时人朴拙，或然，今抽丝之制不同。脱机而振之，丁丁然，握之如捻沙，则缣善。食槲名槲，食椿名椿，食椒名椒，茧如蚕名，缣如茧名。又其蚕之小者作茧，坚如石，大才如指上螺。椿椒二种皆小，土人名椿茧为小茧。在深谷丛条间，不关人力，樵牧过之，载橐而归，无所名之，曰：山茧也。其缣备五善焉，色不加染，黯而有光，一也；浣濯虽敝，不易色，二也；日御之上者，十岁而不败，三也；与韦布处不已华，与纨縠处不已野，四也；出门不二服，吉凶可从焉，五也；谚曰：宦者赢，葛布褐。言无入不可者，此亦有焉。

《沂水桑麻话》，吴树声*

环沂邑大半皆山，其大者即《周礼》之东镇沂山也。巍然峙于邑之北。其东北、西北、西南一带，皆层峦迭岩，山石确荦，鲜有沃土。又沂沭两大水皆出邑境。沭水经沂境百余里，即入莒州境。沂水自沂河头发源起至沂之葛沟庄止，曲折经行于邑境者几四百里焉。每遇夏秋之间，滨两水之左右岸居者，岁岁苦涝甚，且漂溺畜产室庐，人有其鱼之虑。以故，沂境虽辽阔，则壤成赋之地甚少。其风俗又富者连阡陌，贫者无立椎，又不善治生产，于是富者亦贫，贫者乃益贫。夫礼义生于富足，民无恒产，因无恒心，无怪地方日以多事，而风俗亦因之不古也。

余于癸丑春摄邑事，凡七阅月，而得代簿民书鞅掌，足迹遍于四乡。余既悯邑人之不善谋生，而又虑风俗之不能还淳。因于足之所经，必召其秀者与父老勤勤咨询。邑人既喜余之质，又乐余之宽，故问无不言，言无不详，余皆心焉志之。

回忆乡居时，好读农麻书，亦时有所得。大要不外，生之者众，食之者寡，为之者疾，用之者舒，四语。沂之民往往与是四语相反。余既与沂民习，因以目之所见，耳之所闻，证之载籍，考之沂邑之风土人情，有可以药其困而厚其俗者，辄笔之于册，颜曰:《沂水桑麻话》，盖在沂言沂也。若泛论农桑，则农家者流其书亦何尝不汗牛充栋，又何俟余之摭拾也哉!

咸丰四年岁次甲寅仲冬月　保山吴树声

沂多山，山必有场。种柞椤以养山蚕，岁出山茧山绸无算。西客皆来贩卖，设经纪以抽税，岁入数千金焉。东门外山绸会馆，为山绸客公会之所，颇壮丽可观，可想见当日绸行之盛。近则小民贪目前之利，伐其树以助薪，刨其根以为炭，无山不童，而山蚕之利，在官在民皆不及昔之十一二。沂在群山中，粮粒不能致远，唯赖此项为生财之大宗，今此项一废，非复昔日之殷富矣!

沂既多山，山必有水。有源者十之五六，皆冬春不断流；无源者十之

---

* 吴树声，云南保山人。举人。咸丰三年（1853）任沂水县令，署六年，再署。十年任东阿县令，同治元年（1862）离任（宣统《山东通志》卷五十七《国朝职官表七》）。

四五，惟夏秋间间承受山水。其有源者，类在山中，诚能屈曲引之，使勿遽就下，凡山麓原隰之地，皆可仿南方开水田以种稻。既可以得水之利，又可以免山水骤发时冲淤低地之患。计不出此，任其势若建瓴，一泄无余，殊不可惜！

两山之间谓之峪，峪必有平地数顷或数十顷不等。又有山泉溪涧以资灌溉，其风景与南方无殊。诚得留心民事者之修水利，讲农事，沂民之生计，不患其不饶。

邑民多种苹果，成熟时正值沂河水涨，可以由水路直往南贩卖，获利者不少。

近日山场椁椤树几伐尽，育蚕者甚少。亦间有种桑者，唯不知种植之法，只有树桑，并无田桑。又北地较寒，树桑发叶甚迟，往往蚕出无桑。故育蚕者率同儿戏，以柳筐盛之，甚不如法，利益亦微。然亦间有收丝一二百两者。有双丝绢，其佳者类纺绸，价亦不廉，惜业此者尚少耳。绸行虽坏，茧行尚可观。每至茧成时，各集卖茧，堆积如阜。间有贵州客来贩买，然亦祗有昔之十二三矣！

邑民不知种桑，近有种植者皆自临朐倩人来种，亦不甚如法，予以南方田桑之法，详细告之，其父老甚喜，求以所告者刊本，会瓜代不果。

蚕初出，桑叶苦不足。地内出一种草，叶长而厚，一草四五叶，皆贴地生，名曰地桑。三月杪采之，云：可以饲蚕。此予在莒州目击者。莒、沂接壤，想亦有此草也。北方寒，桑叶甚迟，此草大有益于蚕事。

秋后，桑叶经微霜甚肥嫩，土人采以为茹，据云：可以搀小豆腐。柳树初发嫩芽，亦掇以为茹，榆钱、榆叶食者尤多，亦可见业园圃者甚少矣种豆者，豆将熟时必尽掇其叶以搀小豆腐。

沂河入夏，水势平槽，数百石粮食船可以直入运河，每年皆有粮客自南来贩买。沂邑木值甚贱，若广造船只，不惟粮食可运往南方贩卖，一切土产如柿饼、核桃、梨、枣、落花生、靛、酒、豆油、豆饼之类，皆可贩运。每年苹果皆运往南方。可以类推，其船回头又载南货回沂，此无穷之利。惜北人不知水利，有此名水，徒受其涨溢之害，不获其利济之功，良可叹也。诚能修舟楫之利，葛沟集为第一码头，界湖第二，县城第三，葛庄第四，东里店第五，中庄第六，燕子崖第七，南麻第八。每岁四月开运，九月底归埠。以冬春两季，处处有桥梁，恐有阻滞也。如此办理，则沂将为一都会，西通蒙阴，北通临朐、博山，百货流通，利济良非浅鲜也。

沂邑木值甚贱，尝见柏树长丈余，粗一两围者，不过值钱六七百文。若于近河之地置木厂收买。于夏秋之时编筏南运，即近在兰郯售卖，获利亦不少也。

东里店北有水碾一座，碾榆皮为业用为线香者。土名榆皮，疑即地榆也。岁入租价不赀，工费亦巨。宜于有源山水处所，多设水碾、水碨，可省人工不少。

沂邑地非不足，特若硗瘠，其俗又广种薄收北方大抵皆广种薄收，沂为尤甚。穷户恒苦无牛，一夫辄耕四五十亩。人力既不能精，粪力又薄，就使岁岁丰稔，不过亩收数斗，仅敷食用。一遇旱涝，则流离死亡，不堪言状。每一念及，不禁恻然。种植之法，宜精不宜多。一人之工夫有限，与其枉用于不毛之地，收成亦属有限，曷若专注于数亩恒产中，耕耨耘获皆及时从事，一无苟且，又勤勤积粪，所收必倍。就使家有余田，宁可少种一季，仿古人易田之法，以舒地力。

山场既坏，小民不如大计，有山必开地，即硗确坡陀亦必多方开种，最为害事，山水甚骤，赖有草根护持，不致冲刷。一经开种，则本山之沙土随水而下，近山之地先受其害，久而山河尽淤，山水暴涨，势不能容，必将横决。平原近河之处，无不受其害。官私皆宜设厉禁，断不可姑容，保全当不少也。

沂邑集场甚多，著名者三十余处，尚有义集、小集不计其数。通工易事莫便于赶集，若无事赶集微论，易滋事也。一人入集必不能枵腹终朝，数日一集亦不能徒手而归。为家长者各宜约束其子弟，总以少赶集为要。每集必到者，除工商买卖人外，其人可想而知矣。

沂之烧锅约二百余口，每口约用粮粒百余石，计岁耗粮粒数万石。他属烧锅尚有多于是者，而地方不受其害，以其酒能行远，或在通都大邑，虽曰耗粮，获利尚厚也。沂则以数万石粮粒，徒供本地之人一醉于朝夕，而饔仍不能稍减，大可惜也。且乡愚无知，往往大案皆由于酒后，尤为可叹。是在长民者无贪小利。若骤行严禁，势必不能，宜仿都中戏楼法，准其日减，不准日增，亦去火抽薪之一说也。

民间好种烟叶，必择肥地，用十成粪，一亩之入，值数千焉。次年种麦，其粪之余力犹可倍收。夫粪多而力勤者为上农。但使不惜工本，皆可倍收，岂第种烟然哉！种烟之利，沂民胥知，一时诚难骤更。凡种地者皆能如种烟，则谷不可胜食，虽遇歉年，不致为灾矣。

民间有地百十亩，必招佃种，名曰：觅汉。多系南县流民俗谓兰、费为南县，临、博为北县，无以为生。土著者喜其勤谨，拨田与种，久而流民之室家亦来就食。通工易事，虽有古人任恤之风，无如生聚日多，地土日狭，种山开荒，大抵皆此辈阶之厉也。又中人之家，必有饭妇、针工，家人安坐而食，既不能各尽其力，外雇之人除身工食用外，浸渔走漏皆所不免，懈怠成风，勿怪贫者益贫，而富者亦日贫也。

民间不善积粪，故膏腴之地水旱时若犹可丰收，至于瘠壤虽收已仅矣。积粪之法，养牲口为上，老幼勤勤捡拾为次。若有坑洼，尤宜沤粪。惟北方多用干粪，若将所沤之粪掺土曝干上地亦佳。总之，勤俭为居家要法，勤则有余力，俭则有余财，好处不可殚述，积粪特其一端耳。

沂俗，家有地数十亩，往往无牛，以不善积谷，岁稍歉即卖牛。盗窃又多，其弊，皆由于不禁杀牛。夫杀牛者，盗牛者之窝也。卖牛者亦取其易于成交牲畜例不能质当，上集卖又须经纪牙行，故愿卖于屠。夫中人之产，买一牛甚难，卖一牛甚易。必待官司设厉禁，则盘查实为利薮。是在民间自行禁止，有犯则告官严究。无人杀牛，则窃者无处销赃，卖者亦难于售主矣。

南乡仿泉庄居民数百户，尽以绩麻为业，合庄无一穷户。东里店居民善种烟叶，地方亦颇富。可见自然之利，本属无穷，苟善于谋生，无不足民也。

沂境辽阔，地土不少，跬步皆山，成熟之地，不能一则。除膏腴平壤种植如法外，其余类不得法，兹特为一一拈出：

坡地俗称平壤为坡地，两年三收。初次种麦，麦后种豆，豆后种蜀黍、谷子、黍稷等谷，皆与他处无异。惟锄耘欠工夫，粪力又少，故收成较薄。不知多锄一次，多粪一次即可多收数分，地土决不负人。蜀黍地尤为芜秽，禾苗尚未成熟，草莱亦丛生其间，虽有肥地，如何能望丰收？

涝地俗称污下之地为涝地，二年三收亦如坡地。惟大秋概种䅟子形如稗子，莒、沂最多。此禾性耐水，且易熟，不费工本，民间食谷大半皆此，甚合土宜。麦后亦种豆，雨水微多，颗粒无收，徒费工本。沂俗有种稻者，原系秋禾。然南方有晚稻，夏至始种，似此等涝地，麦后亦可播种，收成虽薄，较之种豆，终可望收也稻皆旱种，其种植之法与北方种他谷同，非南方水稻也。

洼地较涝地尤下，常有积水。遇旱年涸出，始可播种，不过种麦一季或蜀黍一季耳。此等地全赖人力。与其十年九荒，莫如择最下之区，挑深为塘，以泄积水，近塘皆种苇苇之用处最多，一穗值一二文不等。挑出之土，就以培稍洼之地，地既垫高，水又有所归，年年可种矣。特小民不知大计，难于谋始，是在有心人，善为督劝也。汪坑冬春皆有水，可种莲藕，花、实、根、叶无一不可得厚值。城东北有庄名梨行，莲塘弥望，杂以芦苇，此庄最为殷富。南乡之苏村亦有种莲藕者，类皆小康之家。其余汪坑甚多，弃而不种，甚为可惜！

园畦有水之地，始种园畦，沂俗竟种烟叶，业园圃者甚少。劝民多种园圃，民间菜蔬自多。且业园圃者，终日勤劬，可戢游惰之风。有水处种靛即大蓝，亩可获钱数十千。近城市处种蔬、瓜、瓠、茄、豆如扁豆、刀豆之类，不惟可蔬，且可代粮也。

沙地，宜种长生果。蒙阴种者甚多，沂水尚少。此物虽不可以为饭，用以打油不次于豆也。又宜种薯芋俗称地瓜。民间亦有种者，藏以地窖，不能过二月。不知此物可以切作小块，晒干收藏，次年和粮食为粥，可以省谷，且甚宜人。种之亦不费工本，不可以不多种也。此物易种易生，水旱冰雹均不能伤。南人有晒干筑墙以备荒者，常年充民食，亦与米麦同功，非寻常瓜果比也。沙地亦有宜种木棉者。沂不务纺织，布匹甚贵，以种棉者甚少也。宜相地多种，教以纺织，布匹自可足用也。

石田地，内尽小石子，虽出粮食，收成甚薄。宜于耕地后效种长生果法，以竹筛筛之，一亩不过费三四工，以后永食其利，何惮而不为也。

岭地，本属荒山，不宜五谷。近来贪利愚民，沿山开垦，法宜严禁。其稍能蓄留水泽、遇山水涨发亦不甚坏事者，亦只宜种包谷东省名棒子，沂邑名玉米。取其易于成熟，亦不大需粪力也。

山场，以前皆种梈椤，近已刨挖净尽。虽种杂谷，一遇旱年，颗粒不收。雨水稍多之年，又冲刷为患，不若仍旧种树。不惟梈椤、山桑可益蚕事，凡松、柏、楸、栗相其土宜在在可种，既可以落实取材，又可以保护山脉，不致冲淤田地。其利甚溥，是在良有司实力劝戒。

以上各条皆目见耳闻，访之贤父老。虽未必尽合机宜，可采者当亦不少。

余摄转数月，正值多事之秋 ，加以才力浅劣，虽心知其故，不能为邑人谋兴除之方，余负邑人多矣。爰以所记忆者随笔书之，以俟诸异日焉。

蒙阴县

《县志》 元，武秀，仁宗时，为蒙阴令，兴学校，劝农桑，人爱戴之，祀名宦。

民国《山东各县乡土调查录》

蒙阴县：蚕桑，居民多赖养蚕为生。全境桑树约十五万株，家茧出丝约三十万两。

康熙《蒙阴县志》卷三《宦绩》

武秀，济南人。仁宗时，以才望擢蒙阴令。经制有方，规画有法。兴学校，劝农桑。在蒙数年，民爱戴如父母。迁山东东路都转运使。史乘纪蒙令之贤者，必以秀为首云。祀名宦。

日照县

《县志》 明洪武五年冬十二月，勅中书令。有司考课，必有学校，农桑之绩。日照知县马亮，考满无效，黜之。按，顾亭林《天下郡国利病书》*云：洪武初，令民有不种桑麻者，罚之布帛。又令民于在官旷地种桑，每亩四十株，科丝五钱，每丝一斤四两，或绢一疋，长三丈余。农桑绢，始于宋时，令长吏劝民广植桑株，有伐以为薪者，罪之。而调其绢、丝、绵以供军。金时，田制凡民户以多植桑枣，为勤少者，必种其地十之三，又少者，必种其地十之二，除故补新，使之不缺。元时，行丝科之法，每二户出丝一斤，输于官。路庆，天顺间任。兴学校，劝农桑。政平讼理，盗息民安。又，杜一岸，万历间任。修农桑，辑志乘，善政甚多。国朝，罗士柏，康熙间任。时檄查蚕场社差累民，士柏陈日照贫敝情形，尽革社差，民以不扰。

民国《山东各县乡土调查录》

日照县：蚕桑，家蚕年约出茧一万八千五百三十斤，柞蚕年约出茧一万三千七百斤。境内计有桑树四万六千株。

光绪《日照县志》卷五《秩官》

路庆，壶关举人。天顺八年任。兴学校，劝农桑。政平讼理，盗息民安。祀名宦祠。

吕补衮，长垣进士。(顺治）八年任。裁断有法，逃人为害者不敢入境。除乡总力差，而养马归官棚，征粮分勤惰。暇时，教民纺织焉。升任后，士民夹到送别。祀名宦祠。

罗士柏，四川遵义举人。(康熙）四十一年间任。社差与胥吏为奸，值檄查蚕场，悉以贫乏之形上陈尽革，吏民得不扰。

康熙《日照县志》卷四《职官》

杜一岸，陕西澄城人，选贡。(万历）十七年任。入《宦迹志》。

---

* 《天下郡国利病书》记载中国明代各地区社会政治经济状况的历史地理著作，120卷。明末清初顾炎武撰。顾炎武自崇祯十二年(1639)后，即开始搜集史籍、实录、方志及奏疏、文集中有关国计民生的资料，并对其中所载山川要塞、风土民情作实地考察，以正得失。约于康熙初年编定成书，后又不断增改，终未定稿。该书先叙舆地山川总论，次叙南北直隶、十三布政使司。除记载舆地沿革，所载赋役、屯垦、水利、漕运等资料相当丰富，是研究明代社会政治经济的重要史籍。

光绪《续修日照县志》卷三《食货·物产》

桑种类极多，可种、可接、可插压。除十一月外，栽无不活。非石田、水泽，植无不茂。饲蚕利大。柘俗呼柘棘，黑黄二种。黄心者可饲蚕。柞叶大者曰：槲。实曰：橡，可为粉食，饲豕尤良，壳可染皂。蚕蟓桑茧，今家蚕也。食桑柘，谷雨后十日生蛾，三眠者二十四日作茧，四眠者二十八日作茧。分二种，山蚕食槲、柞。清明后十日分树上，五十日成者为春茧。夏至后分树上，四十五日成者为秋茧。椿蚕食樗、椒，较山蚕稍晚，而成茧速，茧小而丝韧，不中缫，故业者少。

卷八

曹州府

《旧州志》 男子专务耕织，女子治丝枲，纂组无惰，其醇朴大略，不异古风。《图经》云：人务耕桑，朴而不华。梁天监十一年，三鬷*野蚕成茧按，定陶，古三鬷地。明季，民乏食，以桑椹延生。国朝康熙十年，范县，秋虫生五色，大如指，长三寸，树结桑茧，秋市如春。

乾隆《曹州府志》卷七《风土》

妇女务蚕桑，织丝为绢，亦能为绫。

万历《兖州府志》卷四《风土志》

曹州，民乐耕桑，不尚浮靡。

光绪《曹县志》卷十八《灾祥》

梁武帝天监十一年壬辰，野蚕成茧。

菏泽县

《旧州志》 园客，济阴人按，菏泽，汉属济阴郡。常种香草，有五色蛾集，客收而荐之以布，生华蚕焉。有好女至，收蚕茧百二十头，皆大如瓮，缫其茧六十日。始尽，则俱去，莫如所在。故济阴人世祠桑蚕，设别室焉。按，道光元年，前曹州镇帅刘公清**，捐廉八百两，议以护城堤外种柏五万株，堤内种桑五万株。功未竟，而公去，曹人思之。

---

* 三鬷：古国名，又作鬷，在今山东定陶东北，商汤伐桀,桀败逃于此，为汤攻灭并夺其宝玉。

** 可能为兖沂曹济黄河兵备道，但查无此人。

民国《山东各县乡土调查录》

菏泽县：曹州善后局，暨县农会，设有桑园，约近百亩，栽植桑秧百余万株，以供乡民之购用。并由劝业委员不时下乡讲演蚕桑之利益，及养蚕缫丝之各种简明改良方法，故该县蚕桑日见发达。

光绪六年《菏泽县志》卷七《宦迹》

稽承群嘉庆十二年九月任，江苏无锡人。由监生知菏泽县事。性朴诚，崇儒重农。尝于炎天巡野劝稼，慰问殷恳，百姓皆亲爱之。

光绪六年《菏泽县志》卷十九《灾祥》

（梁）武帝天监十一年，三朡野蚕成茧。

光绪六年《菏泽县志》卷二十《杂志》

园客者，济阴人。姿貌好而性良，邑人多以女妻之，客终不娶，常种五色香草，积数十年，食其实。一旦有五色蛾止其香树末，客收而荐之以布，生桑蚕焉。至蚕时，有好女夜至，自称客妻，道蚕状。客与俱收蚕，得百二十头结茧，皆如瓮大，缫一茧六七日。始尽讫，则俱去，莫知所在。故济阴人世祠桑蚕，设浴室焉。赞曰：美哉，园客颜晔朝华，仰吸玄精，俯采五葩，馥馥芳卉，采采文蛾，淑人冒降，记德升遐。

光绪十一年《菏泽县志》卷一《疆域》

务蚕桑。织丝，能为绫绢。

曹县

《县志》　男耕女织，地宜桑。《曹风》* 云：鸤鸠在桑。宋，蓝近任，

* 《诗经·曹风·鸤鸠》：“鸤鸠在桑，其子七兮。淑人君子，其仪一兮。其仪一兮，心如结兮。鸤鸠在桑，其子在梅。淑人君子，其带伊丝。其带伊丝，其弁伊骐。鸤鸠在桑，其子在棘。淑人君子，其仪不忒。其仪不忒，正是四国。鸤鸠在桑，其子在榛。淑人君子，正是国人。正是国人，胡不万年？”

邑人，《蚕女叹》云：清明塗蚕室，谷雨扫蚕蚁。蚕女百忌严，一日三拜跪。冒雨揽柔条，连宵摘椹蓝。囚首不为容，血痕渍纤指。三眠才上簇，举家相贺喜。东邻有余桑，勿庸惜簪珥。小女欲作襦，大女欲作被。顾语女莫争，次第当先姊。摘茧何曾终，抱筐以及市。昔年未上机，今年未入筐。含泪重留蛾，以俟明年耳。殷勤罗绮娘，幸莫贱罗绮。* 按，曹邑南滨大河，河高于地，低洼处恒苦，雨水不能疏，下流以直达于湖，然土最肥饶，桑有大株，合抱者，桑麻外宜蒲苇菱藕，宜鱼，宜蔬果。

民国《山东各县乡土调查录》

曹县：蚕桑，乡间妇女多有养蚕者，其桑树大都栽在路旁，以及墙边隙地，年约出丝二三千斤不等。

宣统《山东通志》卷四十《风俗》

地饶而沃，生息蕃庶。故多世族，声名文物，号为华侈。士修礼义，民务耕桑。

万历《兖州府志》卷四《风土志》

曹县，士修礼让，民务耕桑。

光绪《山东曹州府曹县乡土志·物产》

本境桑树不遍生殖，其殖者多系葚桑，通计以楚天里为优，桑白皮可入药，亦以楚皮最佳，只以桑树无多，故饲蚕者少，间有农家妇女专务饲蚕，往往采取桑叶在数里外者，贫民亦有负桑叶售卖于市者，无桑之处亦可购之以饲蚕。迨茧成之，候有在市收买零茧，积多取丝，其丝甚细，较之山茧倍佳，当丝出售时，其价值亦昂。近日本境内取丝人亦有自织绸绫者，但不及南方之佳，若能遍植桑树，教以养蚕，则茧丝之利，庶几可以扩充。

光绪《山东曹州府曹县乡土志·耆旧录》

蓝近任，字仲逊，万历已未进士。以酒泉边功，晋亚中大夫。

光绪《曹县志》卷四《物产》

桑《鸤鸠篇》，即此，实为桑椹，根桑白皮、椿即臭椿、柘。

紬，土人以蚕絮手捻成缕，而后织之，谓之土紬。

---

* 参见光绪《曹县志》卷十六《艺文》。

濮州

《州志》 俗尚俭约，务农桑。《元史》云：其民朴厚，好稼穑，务蚕织。

民国《山东各县乡土调查录》

濮县：蚕桑，养蚕沿用旧法，有桑六万余株，出丝约六万斤上下。

宣统《濮州志》卷八《艺文》

知州高士英农桑学堂实业记

实业所包者，广若农桑，特实业中之大部分。我中以农立国，天子躬耕，后亲蚕缫，何重视农桑也，况自神农后稷以来，我中之农事开辟最早。《禹贡》九州于蚕桑尤详，言之，知我国所由来者久矣。第农桑皆不知改良，以致数千年来故步自封，反若逊于泰西者，良堪太息。今朝廷立图自强，立农商部设农官矣，将来农事必日发达。丝为我国独一之美产，苟种桑得法，则丝亦可望冠绝五洲矣，濮州旧有农桑学堂，惜款不足，忽作忽辍，鄙人忝膺是邑，拟重新整顿，大事扩充，又拟设实业公司，以佐之。无非化游惰兴教养也，孔子策卫庶而后富，管子治齐仓廪必足，大都于实业三致意焉。今因濮州农桑学堂第二次告成，故喜而为之记。

州学正伊若珩改建农桑学堂

皇帝建元宣统之年，即濮州牧辽阳高侯改建农桑学堂之始，农桑利益甚大，自古维昭高侯之记备矣。当列雄力争殖民之秋，国家亟图变法，普设大中小学，选高材生出洋留学，数年以来，毫无成效。何哉，不从实业入手，谈空理，口文明，终成分利世界而欲辟生利之源，立致富强，其道奚由。朝廷有鉴于此，京师设农工商部，各省设劝业道，各州县设农桑学堂，示人人趋重实业，各谋生活，角胜于商战，剧烈之场意至深也。特我中以农立国，数千年旧法相沿，绝无进步，不病于水旱，即病于灾祲，弃利于地，不求新法，殊堪浩叹，此农桑学堂所由设也。濮州滨临黄河，地瘠民贫，盗匪迭出，迫于饥寒，兴养立教，司牧者刻不容缓。濮占卫邑也，我先师五至之邦，策富教于既庶之后，即为洽濮万世规则，况文公楚邱再造通商惠工，而外，尤汲汲于桑田，劭农前规，犹可循乎。濮之农桑学堂原设河东王堌堆，发起者为荆门蒋侯，上杭刘侯继成之，然生徒寥寥，毫无的款，几虞一蹶不振矣。辽阳高侯莅任，惄然忧之，改建城内大加改良，力筹巨款，创堂舍，广生徒，魏巍乎，规模宏阔，形式具而精神毕现焉。余学识谫陋，忝膺司铎，最忌空谈，务求实事，承历任委襄办学务，每以毫无建树为憾。州牧高侯尤道义相磨砺，屡询振兴实业政策，化无用为有用，谨以扩充农桑学堂，即开富教之源，对高侯曰唯唯，堂将告成，约与职教各具述改建颠末，视学员彭占员，教员熊汝训、鞏丕绩，会计员张秉沺，皆曰：是我濮实业发达纪念，不可以不记。

宣统《濮州志》卷六《货殖·附土特产》

三等之田胥病，而桑麻百果，伐而为薪，蔬菜践而为蹊，濯濯如矣。据《旧志》所载，土产曰：盐。曰：丝、绢、绵、紬。

范县

《县志》 范土平衍，宜树艺。元，莫士荣，燕人。至正间，为范令。作兴士类，劝课农桑，深得政体。国朝，黄秉中，字惟一，海城人。知范县事。重农桑，四民乐业。累官浙抚。范人思之，祀名宦。又，郑燮，字板桥，兴化人。任范县，诗曰：十亩种枣，五亩种梨，胡桃频婆，沙果柿椑。春花淡寂，秋实离离，十月霜红，劲果垂枝。消烦解渴，拯疾疗饥。桑下有梯，桑上有女，不见其人，叶纷如雨。小妹提笼，小弟趋风，掇彼桑葚，青涩未红。既养我蚕，勿市我茧，杼轴在堂，丝絮在撚。暖老怜童，秋风裁剪。*

* 郑板桥仿《诗经·豳风·七月》写了一组十首，题曰《范县诗》，此为其中一首。

—— // ——

民国《山东各县乡土调查录》

范县：蚕桑，县民饲蚕者少。其桑树大抵在墙角路畔，计有二百余株。

乾隆《曹州府志》卷十二《名宦》

黄秉中，字惟一，海城人。由恩荫任范县令。重农桑，兴学校。听断廉明，粮银不加耗。崇奖节孝，建立义仓。蠹役不敢为奸，盗贼不敢入境。市肆不扰，四民乐业。报最，升黔西州。百姓卧辙，泣送百余里，为建生祠立碑。累官浙江巡抚，范人思之，公举入名宦祠。

光绪《范县志》卷二《官师》

莫士荣，燕人。至正间，为范令。作兴士类，劝课农桑，深得政体。

郑燮，兴化县人，进士。通达事理，作养人材。

光绪《范县乡土志·政绩录》

黄秉中，恩荫。康熙二十年任。重农桑，兴学校，听断廉明。崇奖节孝，建立义仓。蠹役不敢入境。报最，升黔西州。百姓卧辙，泣送百余里，为建生祠。累官浙江巡抚，祀名宦。

观城县

《县志》 俗尚俭约，务农桑。元，于克明，邹平人。至治间，任观。劝民多植桑、枣、榆、柳，凡三年，郁然成林。

—— // ——

宣统《山东通志》卷四十《风俗》

俗尚俭约，矜名节，务农桑。贫民父母皆以麦莛制辫为业，不事纺织。《曹州府志》

道光《观城县志》卷二《风俗》

俗尚俭约，矜名节，务农桑，勤课读。士多雅秀，而文风振起焉。《旧志》。观城县俗尚俭约，矜名节，务农桑。贫民父母皆以麦莛制辫为业，不事纺绩。物产同属他邑。《曹州府志》

道光《观城县志》卷六《职官志·名宦·互详知县各条》

于克明，字世彰，邹平人。英宗时，为观城尹。提举司假部符征丝于县，克明辨止之。民有田九十亩，在馆陶境内，为强悍所隐讼，三十年不决。克明召询邻里，证佐得之，遂归其地。躬劝农桑，课视成效。去后，民为立石。观录

道光《观城县志》卷六《职官志·文职》

（元）于克明，邹平人，其乡以孝悌称。历官宿迁、荣阳二县尹。至治壬戌任观，下车即询民俗，宜兴除者条谕之，俾知趋避。先是曹州假部符令濮民代纳丝七百余斤，民就彼市丝困于昂直，公亲诣所司辨正之，岁省钞万余。劝民人多植桑、枣、榆、柳，凡三年，茂然成林。政事稍暇，则集僚吏，请师儒讲明治道不倦焉。祀名宦祠。

道光《观城县志》卷一《舆地志》

桑园见明礼制，今废。（明）成化二十三年，参政唐虞按里设桑园以济穷民，谓之公桑，见《恩县志》。

乾隆《曹州府志》卷十二《名宦》

李征事，交河人。大德九年，为观令。重学劝农，轻徭平赋，水部秋税耗重，征事平概，入之岁省十之三。性喜独居，谢绝交，既无敢干以私者。

于克明，邹平人。历官宿迁、荣阳二县尹。至治壬戌任观城，询民俗，宜兴除者条谕之。俾知趋避，劝民耕稼，多植桑、枣、榆、柳，凡三年，茂然成林。政事稍暇，则集僚吏，请师儒讲明治民之道。

朝城县

《县志》　士习诗礼，民务农桑。

//

民国《山东各县乡土调查录》

朝城县：蚕桑，境内桑树甚少，养蚕之家甚属寥寥。现农会栽植湖桑七八百株，出丝约八百余两。

康熙《朝城县志》卷六《风俗》

元，《濮州志》云：其民朴厚，好稼穑，务蚕织。《明一统志》云：俗近敦厚，家知礼逊，习俗节俭，人多读书。又云：士风彬彬，贤良宏博。《府旧志》云：家习儒业，人以文鸣，农桑务本。……《邑旧志》云：士习诗礼，民务农桑，邻保有相助之风。

康熙《朝城县志》卷二《物产》

木类。有柘，多桑。虫类，多蚕。货类。有丝、有绢、有绵紬。

光绪《朝城县乡土志·商务》

动物制造，茧为丝、为绫、为带。

郓城县

《县志》 人务耕桑，朴而不野。元，杨惠，河南人。至元间，任郓。兴学校，劝农桑。邑人德之，祀名宦。

//

民国《山东各县乡土调查录》

郓城县：蚕桑，颇称发达，计栽湖桑三千五百株，鲁桑、椹桑、荆桑等三万二千株，养蚕者三千家，年产额约一千四百余斤。

康熙《郓城县志》卷四《政教·官》

杨惠，河南人。至元间，为县尹。兴学校，劝农桑，役均讼简。邑人德之，祀名宦。

康熙《郓城县志》卷一《方舆·风俗》

《图经》曰：郓地近圣居，产名贤，大都人情朴质，俗尚儒雅，士大夫重廉耻，崇礼让，百姓守法奉公，尽力南亩。又曰：人务耕桑，朴而不野，有古风趣。

光绪《郓城志》卷九《灾祥》

元文帝二年三月，郓城等县，有虫夜食桑，昼匿土中，人莫能捕，大为蚕害。

单县

《县志》　地广而辟，民居繁庶，以耕桑为业。唐，李白《登单父陶少府半月台》诗：秋山入远海，桑柘罗平芜。*

民国《山东各县乡土调查录》

单县：蚕桑，全境桑树九万余株，农会桑二万余株。近来养蚕者较前加增，颇有知新法者，每年出丝约七万余两。

宣统《山东通志》卷四十《风俗》

士狭人稠，尚礼逊，颇有古风《方舆胜览》。地广而辟，民居甚夥。以耕桑为业，不通商贾《曹州志》。

康熙《单县志》卷二《恤政》

农桑园。明初每社设一区，植桑于其中，凡本社有寡妇贫者，得采公桑饲蚕，以为衣帛御寒之计，原有五十二处，并社后存四十二处，复因河患止存三十二处，又为附近乡民佃种，历年久而莫考其故址矣，所以载之者，亦饩羊之意云。

---

* 李白《登单父陶少府半月台》："陶公有逸兴，不与常人俱。筑台象半月，迥向高城隅。置酒望白云，商飚起寒梧。秋山入远海，桑柘罗平芜。水色渌且明，令人思镜湖。终当过江去，爱此暂踟蹰。"

康熙《单县志》卷六《官师》

金天定，字叔固，江南长洲人。由监生于康熙四十四年知单县事。为政不尚严苛，宽和仁恕，平易近人，吏畏民怀，境内翕然，靡不向化。修废举坠，视国事如家事。倡率绅袍重修琴台，规模廓堂搆巍，焕为一郡名胜。缮圣庙以振文风，浚城隍以资保障，诠释圣谕以觉愚蒙。令民栽柳种桑以孳生息，修衙署，订邑乘，申饬渡口，著《蚕桑图说》，善政指不胜屈，即古循吏何以加。兹去之日，百姓如失慈母焉。有去思碑。

康熙《单县志》卷一《物产》

树植之与农田并重者，莫如桑，单地向来无多。巡抚王公檄令劝栽，知县金天定遵奉宪行，鼓劝刊布《蚕桑图说》，教民种桑养蚕之法，各乡栽者不下数万株，将来繁茂之日，饲蚕缫丝其利溥矣。

民国《单县志》卷六《宦迹》

金天定，字叔固，江南长洲人，监生。康熙四十四年知单县。宽和仁恕，民翕然向化。兴举废坠，民竞趋恐。后重修学宫琴台，教民蚕桑，著为图说。黄河渡口勒去渡钱为行旅所苦，天定严禁之。去之日，送者夹道，立石为记。

王朝干，字翰屏，奉天承德府举人。嘉庆二十二年戊寅，以政绩茂著奉大宪命来治单邑。甫下车，即以兴利除弊为先务，复访求老成，设立都政，读法讲约。督劝农桑，疏通沟渠，四方翕然。……殁后配享二贤祠。

民国《单县志》卷一《地理·风俗》

工人。《王本旧志》称，朴拙者多，鲜能精巧，然墐户窒穹，务取完固，近仍多守旧法，惟烘茧、缫丝、轧花、弹花、洋机织布、染工、燃料、木工、嫁妆、食品、点心日趋工巧矣。

城武县

《县志》 沐圣人之教，习桑麻之业。邑人，张葆中《田家杂咏》

云：叠鼓神祠拜祝忙，祈蚕争奉马头娘。*

康熙《城武县志》卷之四下《人物志·乡贤》

元，苗好谦。苗为贲皇之裔，公之先世居单父之留馈里，后徙城武之焦村。公之考讳全生，五丈夫，子长即公。公禀赋寡默刚毅，谙练事体，洞晓物情。由都察院，掾历工部枢密院吏曹，廉公正直，夷险一致，时事有弊，条陈厘革者甚多。大德改元，擢为大宗正府都事，忠直赞政，革吏弊，低狱平。宗室或逸，弛载橐于道，周小民解捆探货而去。宗室欲置之极典，公曰：是不当死。抵其值，释之。大德四年，升丞务郎大都路都总管府推官。未几，擢拜御史台监察御史，执宪绳违，名重豸府，奸赃为之赡落。大德六年，迁江南诸道御史台，都事婉画，谠论多所裨补。大德十一年，加奉训大夫，签淮西江北道肃政廉访使，弹劾不法，威声凛凛，汙滥之徒闻风股栗。入为司农丞，著《栽桑图说》，大司农买住奏进之，仁宗曰：农桑衣食之本，此图甚善。命刊成千帙，散之民间。进御史中丞，卒，赠中书省参知政事，谥训肃。

康熙《城武县志》卷二上《本邑所著典籍》

《栽桑图说》，元参政苗好谦著，仁宗时奏进奉旨刊布。

宣统《山东通志》卷百三十六《艺文志十·农家》

《栽桑图说》，苗好谦撰。好谦城武人。历官御史中丞，赠中书省参知政事，谥训肃。《元史·仁宗本纪》（延祐五年）曰：九月癸亥大司农买住等进司农丞苗好谦所撰《栽桑图说》，帝曰：农桑衣食之本，此图甚善。命刊印千帙，散之民间。案《旧通志》载：好谦《农桑辑要》六卷，又《农桑图说》二卷。《曹州志》亦载《农桑辑要》，而不载是书，未知所本。

道光《城武县志》卷一《舆地志·集·风俗》

城武平原多瘠土，民俗坦夷，无机利狙诈之习。《一统志》云：沐圣人之教，习桑麻之业。

---

* 道光《城武县志》卷十一《艺文志上·诗》载：《城武田家杂詠》：“叠鼓神祠拜祝忙，祈蚕争奉马头娘，怜他荆布贫家女，织得绮罗未识香。”

道光《城武县志》卷六《职官志·名宦》

王禹偁，字元之，济州巨野人。太平兴国八年进士。授城武主簿。初莅事，察一二舞文吏，挞而去之，自是人莫敢犯。夙弊顿革，兴学校，劝农桑，平赋役，恤困穷。民有争讼，恳切晓谕。三年政平人和，刑清讼简，境内以治。徙知长洲县。

定陶县

《县志》 定陶风俗，四月采桑饲蚕缫丝。《皇舆考》*云：尚礼义，业桑麻。元，王璠，字叔舆，交河人。至元间，任定陶令。时蚕桑久绝，乃出区蚕法，课人采椹，邻境而种之，遂成桑林，岁尝官征桑皮二百斤，预买以供，至是赋诸大家不过一秤余，上下无所损。按，区桑，盖照区田法，每亩栽小桑六百六十余株。国朝，马之瑛，字正谊，桐城人。顺治间任。开垦荒地一千三十顷有余，重农桑，士民怀德，祀名宦。又，叶亮，字朗亭，仁和人。知定陶县。广栽植，课农桑，不惮勤劳。

—————— // ——————

民国《山东各县乡土调查录》

定陶县：蚕桑，境内已有湖桑八百株，土桑三万五千余株。养蚕者约有二千五百余户，缫丝者四十户。

宣统《山东通志》卷七十六《职官·宦迹三》

叶亮，字朗亭，浙江仁和人。由己丑进士，康熙五十八年任定陶。以儒术为治。值岁旱祷辄应，修河渠，广栽植，劝课农桑，加意学校。邑入庠额限十二名，以试者多请广其三。调沾化令。

马之瑛，字正谊，安徽桐城人，进士。顺治十六年任定陶。值李化鲸

* 《皇舆考》：明张天复撰。天复号内山，山阴人。嘉靖丁未进士，官至云南按察司副使。事迹附见《明史·文苑传》其子元忭传中。是书取闽本《志略》稍加润饰。

余党啸聚，瑛至剿抚兼施，群盗既靖，民遂安堵。有朱小仁伪造印劄，株累良善百余家，上官知瑛明慎，令复勘无辜者，咸释之。时邑中芜田相望，捐俸三百金，佽牛种，垦地千三十顷有奇，复除河夫之役，民生苏。后擢兵曹，祀名宦。

赵俞，字文饶，江苏嘉定人。康熙三十七年，由进士知定陶县。至则水潦方盛，集父老问之曰：所苦在此。因度其境，纵横为三渠以通大川，如古沟洫畛涂之制，蓄泄兼资，而车舆可通，恐涂之易圮也。筑令平实，树以桑枣，杂以榆柳，俾落实取材皆关生计。又以三渠不能遍通四境，明年又择要规为六路，其广倍三渠之隄，而傍路有沟杀于渠者三之二，俾宛转以达于渠。其筑树之法一如筑堤，由是民不苦潦，连岁大熟。平时课士最勤，士皆共劝于学，尝修学宫，考定从祀位次，自为文记之。任五载以疾归。《国朝耆献类征》

万历《兖州府志》卷四《风土志》

定陶县，刘向《列仙传》曰：园客之妻善蚕，故济阴人世植桑养蚕，设别室焉。所产绵布为佳，它邑皆转鬻。

乾隆《曹州府志》卷七《风土》

定陶，植桑养蚕，所产棉布为佳。

乾隆《曹州府志》卷十二《名宦》

王播，字叔舆，交河人。至元间，任定陶令。陶故临河，数为患，播捐俸，召民起高墉重门，以严启闭，分閒巷。以复互市，补丁壮，杜奸宄。于是始筑河防，调杂草七万束，河夫五百人，差其等役，河不为害。县蚕桑久绝，播出区蚕法，课人采椹，邻境而种之，遂成桑林，置常平惠民局，善政最著。

光绪《馆陶乡土志》卷二《政绩录》

（元）沈瑀，为馆陶尹。民一丁课种桑五十株，及枣栗等树，久之成林，民享其利，思之不忘。著有《政说》一篇。谨按，地利无穷在人兴之而已，瑀于民一丁，课种桑五十株，及枣栗等树，久之，民享其利，因民之所利而利之，利之所以无穷也，宜民皆思之不忘也。

光绪《馆陶乡土志》卷二《政绩录》

向植，字笃生，湖北沔阳人也。举己卯科，孝廉。历官有政声。光绪二十九年，自曲阜莅馆陶。时势多艰，地方不靖，下车后周咨民瘼，严治盗匪，复请于大吏，拨防营，扼要驻扎，境赖以安。整顿漕制，补偏剔弊，至今民犹颂之。他如创立蒙小学堂，开办工艺局，筹设自新，所以及购书种树诸惠政，俱有成效，洵可目为循吏矣。邑人刻石立城东门外，碑文不备载，谨录其跋语，以志不忘。从来吏治本王章，一邑官声百代芳。东别尼山车下禹，四临卫水网开汤。四郊膏雨听桴鼓，两袖清风贮宦囊。为国爱民民自爱，春城花木向朝阳。

光绪《馆陶县志》卷二《风俗》

家习儒业，人以文鸣。农桑务本，户口殷富。《府志》

巨野县

《县志》 宋，段伯英，岳阳人。知县事。时时郊行，督耕蚕绩。五载，讼简民丰，人称段父云。按，晋，王宏，字正宗，邑人，魏侍中粲之孙也。泰始初，为汲郡太守。抚百姓如家，耕桑树艺，室宇阡陌，莫不躬自教示。武帝下诏称之，赐谷千石。

——//——

民国《山东各县乡土调查录》

巨野县：蚕桑，乡民养蚕日形踊跃，惟用土法，故不甚畅旺。现有湖桑八十株，土桑七千株，养蚕者一千五百户。

道光《巨野县志》卷首《卧碑·农桑论》

（康熙）尝观王政之本在乎农桑，虞舜之命弃曰：汝后稷，播时百谷，禹之告舜也。曰：政在养民，水火金木土。……大者一州，小者百里，有社有稷，有民有人，守令何职，职兹拊循，劝农课桑，宣条设教，偃风以德。

（雍正）再舍傍田畔，以及荒山不可耕种之处，度量土宜，种植树木。桑柘可以饲蚕，枣栗可以佐食，柏桐可以资用，即榛楛杂木亦足以供炊爨，其令有司督率指划，课令种植。仍严禁非时之斧斤，牛羊之践踏，奸徒之盗窃，亦为民利不小。

道光《巨野县志》卷十《口碑》

段伯英，岳阳人，皇庆间，举茂才。来知县事。称廉平，民有犯者曲譬以礼义，不罚而化之。又时时郊行，督耕蚕绩。五载，讼简民丰，人呼段父云。《宋史·本传》

道光《巨野县志》卷十二《政绩》

王宏，字正宗，高平人，魏侍中粲之孙也。魏时辟公府，累迁尚书郎，历给事中。泰始初，为汲郡太守。抚百姓如家，耕桑树艺，室宇阡陌，莫不躬自教示。在郡有殊绩，司隶校尉石鉴上其政术，武帝下诏称之曰：朕惟人食之急，而惧天时水旱之运，夙夜警戒，念在于农。虽诏书屡下，勑励殷勤，犹恐百姓废坠，以损生植之功。每思监司纠举能否将行，其赏罚以明沮勸。今司隶校尉石鉴上汲郡太守，王宏勤恤百姓，万方督劝，开荒五千顷，而熟田常课，顷亩不减，比年洊饥，人不足食，而宏郡界读无匮乏，可谓能矣。赐谷千斛，布告天下，咸使闻知。后坐事免官，复起为尚书，卒赠太常《晋书·良吏传》。

卷九

济宁州

《州志》 唐，李白《任城厅壁记》云：耒耜就役，农无游手之夫，机杼和鸣，织罕颦蛾之女。* 州人朱德润《飞虹桥》诗云：耕桑处处增炊烟。** 明，蒋资，字遂良，屯白人。洪武间，知济宁。课农桑，治为诸郡第一。按，济宁最近南方，课蚕桑尤为急务，东省修复蚕桑，似宜从济宁入手，或疑近河低洼处碍难，一律种桑，然参用两亩并一亩古法，高处树桑，低处植蒲苇菱藕，则无不成者，是一举而两得也。

民国《山东各县乡土调查录》

济宁县：蚕桑，鲁椹等桑共二万五千余株。养蚕者约二千五百余户，缫丝者约三十余家。

---

* 李白《任城县厅壁记》

风姓之后，国为任城，盖古之秦县也。在《禹贡》则南徐之分，当周成乃东鲁之邦。自伯禽到于顺公，三十二代。遭楚荡灭，因属楚焉。炎汉之后，更为郡县。隋开皇三年，废高平郡，移任城于旧居。邑乃屡迁，井则不改。鲁境七百里，郡有十一县，任城其冲要。东盘琅琊，西控巨野，北走厥国，南驰互乡。青帝太昊之遗墟，白衣尚书之旧里。土俗古远，风流清高，贤良间生，掩映天下。

地博厚，川疏明。汉则名王分茅，魏则天人列土。所以代变豪侈，家传文章。君子以才雄自高，小人则鄙朴难治。况其城池爽垲，邑屋丰润。香阁倚日，凌丹霄而欲飞；石桥横波，惊彩虹而不去。其雄丽块圠，有如此焉。故万商往来，四海绵历，实泉货之橐钥，为英髦之咽喉。故资大贤，以主东道，制我美锦，不易其人。今乡二十六，户一万三千三百七十一。帝择明德，以贺公宰之。公温恭克修，俨实有立。季野备四时之气，士元非百里之才。拨烦弥闲，剖剧无滞。镝百发克破于杨叶，刀一鼓必合于《桑林》。

宽猛相济，弦韦适中。一之岁肃而教之，二之岁惠而安之，三之岁富而乐之。然后青衿向训，黄发履礼。耒耜就役，农无游手之夫；杼轴和鸣，机罕颦蛾之女。物不知化，陶然自春。权豪锄纵暴之心，黠吏返淳和之性。行者让于道路，任者并于轻重。扶老携幼，尊尊亲亲，千载百年，再复鲁道。非神明博远，孰能契于此乎？白控奇东蒙，窃听舆论，辄记于壁，垂之将来。俾后贤之操刀，知贺公之绝迹者也。

** 朱德润，元延祐年间诗人。《飞虹桥》："任城南畔长堤边，桥压大水如奔湍。闸官聚水不得过，千艘衔尾拖双牵。非时泄水法有禁，关梁夜闭防民奸。日中市贸群物聚，红氍碧碗堆如山。商人嗜利暮不散，酒楼歌馆相喧阗。太平风物知几许，耕商处处增炊烟。"

乾隆《兖州府志》卷二十二《宦迹志》

蒋资，广东化州人。洪武中，以进士任郎中。转济宁知府。莅政廉明，宽猛适中。作兴学校，劝课农桑，治为诸郡第一。

乾隆《济宁直隶州志》卷二十二《宦迹》

蒋资，字遂良，电白人。洪武二十七年进士，任郎中。转济宁知州。莅政廉明，宽猛适中。兴学校，课农桑，治为诸郡第一。《旧志》蒋资洪武年任，且列之知府，非也。有宣德六年修学碑可证。

（清）杨方兴，字浡然，辽东广宁人。性沉毅，勤敏有异，识人超人意表，好读书，中天命六年举人。时录辽士，以方兴为首，授理事官，出使朝鲜，宣示王师定鼎燕都。时山左草寇蜂起，以方兴为兵部侍郎，建节南行……饬励守令招抚流亡，劝课农桑，残黎为之更生。

民国《济宁县志》卷二《法制略·实业》

绸缎，约七八十万元，由杭州、上海，及济南运济。

湖桑适中，最宜肥沃土地。叶极肥大，嫩养蚕，老饲畜，剪下枝条编器，俱皮造纸之用，叶作药品，皮亦可。

咸丰《济宁直隶州志》卷三《食货三·物产》

按《明志》，济有棉桑之产，实惟蚕织之业，然其人多贫寒不得衣，岂谚所谓，物丰于所聚，利竭于所产耶，抑风靡俗奢，不以暴殄为戒耶。

《栽桑问答》，知南阳县事济宁潘守廉*刊发，光绪二十八年正月

《养蚕要术》，南阳县署刊发，光绪二十八年三月

刊发《养蚕要术》禀稿

敬禀者窃卑职前以十年之计莫如树木，捐廉刊刻《种树章程》及《栽桑问答》，分布绅民，谕令试办，又因树株不敷栽植，续刻劝种榆桑各法，以期实力推行，均经先后禀明宪鉴在案。夫为民兴利，固以隙地种树

* 潘守廉，字洁泉，号对凫居士。山东微山县马坡镇人。光绪十五年（1889）进士，曾任河南南阳知县、邓州知府。光绪二十五年，任南阳县令时主持《南阳县志》编修，撰刊《栽桑问答》、《养蚕要术》、《椿蚕法程》、《椿蚕浅说》。出仕豫省二十余年，创立学校、开通水利、救济孤寒，膏雨频施，仁风远播。挂冠退隐，潜心佛学。旧居与凫山相对，自号对凫居士。民国纂《济宁县志》。著有《作新末议》、《对凫缘景》、《论语铎声》、《千叟铎声》、《圣迹图联吟集》、《木铎千声》等书。有一子潘复，也作潘馥，曾任北洋政府财政部长、国务总理。其四世祖为明万历年间进士，累世为官。

为先，而种树之利尤以亟讲种桑为要。今卑职既刊发《栽桑问答》，又谕令有地之家按户种桑，三五年后，则十亩之间不患无桑者闲闲矣，第树桑既多则养蚕宜讲，卑县南关向出南阳缎、八丝绸及湖绉纱罗等料，销路颇远。而所用家丝多来自外方，民间养蚕仅妇女一筐半席，并无如江浙等省专习其业者，亦风气未开，蚕法之不讲也。卑职因披阅《农桑辑要》、《齐民要术》等书，慎择蚕事之浅近便民者三十五条，特付手民颜曰：《养蚕要术》。其间论性情之喜忌，气候之寒暄，自浴连初饲，以至抬眠上簇，分门别类，委曲周详，果能依法讲求，自可广收蚕利。近考西人养蚕之法，先以显微镜辨蚕子之有病无病，其论中国蚕子初到时每重八两，收丝三十五斤，嗣后拣择精良，每重八两，收丝七十五斤，极多或收至百斤，是蚕种优劣收数则相去数倍，而中法蚕子一钱养成一箔，若桑足簇早得丝二十五两，较西国所收，则有盈无绌，但西人精进之功未可限量，中土无人讲求，以致自然美利不能月盛日增，殊可惜耳。卑职特将中国养蚕成法择要刊刻，广为分布，使绅董殷勤劝导，以开风气，未始非为兴利之一助也。惟宪聪屡渎咎戾，实多芻荛之陈，未能自己所有，卑职辑录《养蚕要术》，并捐廉刊发，缘由是否有当理合，禀呈鉴核，不胜惶悚之至。

跋

以上养蚕各法散见于《齐民要术》、《务本新书》、《韩氏直说》、《士民必用》及《蚕经》等书，元司农司撰《农桑辑要荟萃》众说裒集成编，并加注释，而蚕法大备。惟书非专门卷帙繁富，无力之家购买为难。今择蚕事之浅近便民者，共得三十五条，录付手民颜曰：《养蚕要术》，则简便易行，未始非为民兴利之一助也。知南阳县事济宁潘守廉识。

金乡县

《县志》　元*，聂士祚，大定初，任金乡。劝课农桑，雅有循良之风。

* 元：应为“金”。

去任，民立生祠。又，成野贤，晋台人。为金乡县令。每政暇，匹马一仆，循行郊陌，劝课农桑，刑清事简。去任，民为立碑。明，高魁，河南新郑人。正德初，知金乡。清苦爱民，每匹马巡行郊外，坐树下召村中父老，课农桑，如家人父子。历官工部郎中，民塑像祀之。

民国《山东各县乡土调查录》

金乡县：蚕桑，每年收茧约四千九百斤，全境桑树约共三千五百株。

乾隆《兖州府志》卷二十二《宦迹志》

（金）聂天祐，大定九年，任金乡尹。劝课农桑，修理学校，雅有循良之风。去任，民立生祠祀之。

（元）成野贤，晋台人。为金乡县令。每政暇，匹马一仆，循行郊陌，劝课农桑，刑清事简。去任，民为立碑。

康熙《鱼台县志》卷八《名宦》

高魁，新郑人。由举人正德间知金乡。清苦爱民，布袍粝食，一如寒士。每匹马巡行郊外，坐树下召村中父老，课农桑，如家人父子。然每旱祷，霖雨随降。政教兼举并行。升工部主事，民塑像，祀之名宦祠。

康熙《鱼台县志》卷二《风俗》

《郡志》曰：金乡古之昌邑，盖泽国也。以金山得名。地僻而狭，不通商贾，士习礼让，民务耕织，朴直敦厚，有古遗风。旧时以河水为灾，自河南徙民有宁居矣。

康熙《金乡县志》卷二《乡社物产》

木属。桑、柘。虫属。蚕。货属。丝、土绌、绢。

宣统《山东通志》卷一六一《历代循吏》

晋，王宏，字正宗，高平（今金乡）人，魏侍中粲从孙。泰始初，为汲郡太守。抚百姓如家，耕桑树艺，屋宇阡陌，莫不躬自教示，曲尽事宜。在郡有殊绩，司隶校尉石鉴上其政术，诏称之，赐谷千斛。迁河南尹大司农，代刘毅为司隶校尉。太康五年卒，赠太常《晋书·良吏传》。

嘉祥县

《县志》 元，封从植，保定人。至元间，为嘉祥县尹。劝农桑，惠政在民。又，王礼，陈台人。至元间，为嘉祥主簿，兼县尉。劝农桑，禁游惰。及去，民为立碑。明，郑文炳，直隶内黄人。永乐时，任嘉祥。劝课农桑，作兴学校。秩满，民奏留任，凡十有八年。又，张庆，河南钧州人。天顺时，知嘉祥县。重农桑，流民复业者三百余户，治行为山东第一。以才能改调章丘。去之日，遮道泣留者数千人。有去思碑。

—— // ——

民国《山东各县乡土调查录》

嘉祥县：鲁桑椹桑约三千余株。养桑者多系农家副业。

乾隆《兖州府志》卷二十二《宦迹志》

封从植，保定容城人。至元间，为嘉祥县尹。振纪纲，勤吏事。兴学校，劝农桑，惠政在民。

王礼，淮州陈台人。至元间，为嘉祥主簿，兼县尉。廉正爱民，劝农桑，禁游惰，僚寀和睦，军民畏爱。临事决疑，略无疑滞。及去民为立碑。

郑文*，直隶内黄人。永乐时，任嘉祥知县。劝课农桑，作兴学校，明习法律，狱无留讼。日群习胥史，以读律课之，皆成材器。秩满，民奏留任，凡十有八年。

乾隆《济宁直隶州志》卷二十二《宦迹》

郑文炳，直隶内黄人。永乐时，莅嘉祥。劝课农桑，作兴学校，明习法律，狱无留讼。日集群胥史，以读律课之，皆成材器。秩满，民奏留在任，凡十有八年。

---

* 郑文：应为郑文炳。

宣统《嘉祥县志》卷三《人物》

张庆，字景详。任知县。律己公廉，处事勤慎。督学劝农，政平讼理。豪猾敛迹，百废俱兴。流民复业者三百余家，治行为山东第一。以才调章邱。去之日，遮道泣留者数千人。且立碑志去思云。

（清）吴兆基，钱塘人。身廉政肃，民无吏扰。周历村落，劝课农桑。讲法读律，士民悚听。暇与士人讲学论文，情同师弟。去任后，咸思慕焉。

鱼台县

《县志》 金，乌延锐，隆州人。署邑事。劝课农桑。未及期年，风俗丕变。升户部郎中。复过斯邑，邑人攀辕遮道。立去思碑。

民国《山东各县乡土调查录》

鱼台县：蚕桑，养蚕者逐年增加，但全境桑树仅一万株出丝，不过千余两，刻下苗圃桑秧约二十五万，已可分栽。

光绪《鱼台县志》卷二《宦迹》

（金）乌延锐，隆州人也。弱冠称进士，授刑部外郎。迁单州守，署篆鱼台。矜民水患，请免租税。适南宋北伐，金人御之，邑当办粮车数百两，丁草六十余万束。锐又请于行台，咸得减免。行军骡马七百余匹，勒民牧养。锐为调停，择羸瘦者秣食之，民无获谴者。又为请宽漕运，至明春挽夫千余名，得减半民是以感之。

光绪《鱼台县志》卷一《风俗》

地近邹鲁，民沾圣贤遗化。尚礼义，务耕读，犹有古风。《马志》

光绪《鱼台县志》卷一《土产》

木。桑、柘。货物。丝、绵细、丝、绢。虫属。蚕。

卷十

登州府

《府志》 《隋书》云：大抵齐之数郡，风俗与古不殊，男子多务农桑，崇尚学业，其归于俭约，则颇变旧风。东莱人尤朴鲁，故特少文义。汉永光四年，东莱郡东牟山，野蚕成茧，收万余石，人以为丝絮。* 黄县福山有业家蚕者，蚕丝织本色绢，福黄为多，然不能当滕县之万一。郡多山，无栽植，每有荆棘之类。招栖宁多植松，谓之松风，各有主者。

康熙《山东通志》卷八《风俗·登州府》

人淳无寇盗，地卤少桑麻。栖霞尹李惠诗

康熙《山东通志》卷九《物产》

登州府。檿丝，出栖霞，青莱亦有之，丝韧中琴瑟之弦。苏氏曰：为缯，坚韧。《禹贡》曰：莱夷作牧，厥篚檿丝。是也。茧生山桑，不浴不饲，居人取之制为䌷，久而不敝。

康熙《山东通志》卷六十三《灾祥》

登州府。汉元帝永光四年，东莱郡东牟山，野蚕茧收万余石，民以为丝絮。

乾隆《山东通志》卷二十四《物产》

檿丝，出栖霞县。丝韧，中琴瑟之弦。亦可为䌷，居人服之。《禹贡》曰：厥篚檿丝。

康熙《登州府志》卷八《物产》

桑黄县福山有业蚕者。丝枲之属。檿丝，出栖霞，青莱亦有之。《禹贡》厥篚檿丝。《注》檿，山桑也。山桑之丝，其韧中琴瑟之弦。苏氏曰：惟

---

* 晋《古今注》：元帝永光四年，东莱郡东牟山有野蚕为茧，茧生蛾，蛾生卵，卵著石，收得万余石，民以为蚕絮。

东莱为有此桑，以之为缯，坚韧异常，莱人谓之山茧。茧生山桑，不浴不饲，居民取之制为紬，久而不敝。

光绪《增修登州府志》卷五《物产》

木属。柞成树者为槲，丛生者为栎，郡东州县多以饲蚕。货属，檿丝，《禹贡》厥篚檿丝。注：檿，山桑也。苏氏曰：惟东莱为有此桑，以之为缯，坚韧异常，莱人谓之山茧。茧生山桑，不浴不饲，居民取之制紬，久而不敝，即茧紬也。今各属饲蚕者皆以柞栎。

光绪《增修登州府志》卷六《风俗》

蚕桑。农作外间治蚕桑，其铺眠分抬之劳，属之田妇，练丝之役多男子共事。其野蚕则食槔、柞叶，蓄之树梢，无铺眠劳，然亦勤于护视，防为鸟雀所伤。

织作。蚕丝织本色绢，山茧之丝，缕缕积之，织为山紬，甚朴质。惟纺棉织布，穷乡山陬，无问男妇为之。以自衣被，勤有余布，亦兼鬻于城市，庶人在官，及末作游寓者均需焉。

蓬莱县

《县志》 人淳事简，地瘠民贫。按，蓬邑山多树少，谚云：锅底下比锅上贵，言柴火价昂也。然颇宜松，宜梧桐，宜椒，宜槲，宜椿槔。

康熙《蓬莱县志》卷之二《风俗》

人淳事简，地瘠民贫。苏轼《知登州表》

光绪《增修登州府志》卷二十六《文秩二・蓬莱县》

陆献，江苏丹徒举人。道光十年二月任。有土豪鱼肉乡里，首擒治之奸猾敛迹。教民种树，课士论文，政声翕然。祀名宦祠。

光绪《蓬莱县续志》卷六《官职・文秩》

陆献，补注，十年二月任，十二年复任。清勤爱民，尝褒忠孝节义，以励风化。又论乡村树木。公余课士，著有论文十四则。以公直不能迎合上意，反谓沽名要誉。去官，舆论惜之。为立生祠，兼祀名宦。

宣统《山东通志》卷一六一《历代循吏》

曲廉，蓬莱人。正统间，为巨鹿知县。初县东滨漳水，田被漂没，民多流亡，廉先决其流，次筑堤障之。水既涸，躬率垦辟，树以桑枣，岁既丰稔。复劝民出赢余，捐籴本，敛散以时，储粟至万石。立社学，定三等科差，流亡者皆归业。满九年，狱无重囚，民户祝之。《一统志》

黄县

《县志》 桑岛在县北二十五里，又水路四十里至岛，其中多山桑，石田可耕。明嘉靖二十四年，黄县官民桑六万余株，官民枣二百三万余株，见《旧志》。崇祯十一年，桑枣十万株，知县任中麟栽植，见给徭册。国朝，乾隆十三、十四等年，知县袁中立，劝谕栽植树株，以广地利。各乡新种桑枣等树，共计一万九千余株，有报册登属，惟黄产木，民间养生送死，为极便器用之具，贸迁他州。按，邑人王时正，知宁国。择隙地数区，教民种桑养蚕。

康熙《黄县志》卷一《山水》

桑岛。北二十五里，抵海岓。又水路四十里至岛，其中多山桑，有石田可耕。

同治《黄县志》卷三《食货志》

《旧志》云：嘉靖二十四年，官民桑六万四百一十一株。官民枣二百三万二千八百一十二株。崇祯十一年，桑枣共十万株，知县任中麟栽植。乾隆十三、十四年以后，袁中立劝谕，新植桑枣等树，共计一万九千二百七十四株。按，比来县境桑树甚稀，同治初年蚕蕃息，桑叶连枝一斤直钱五十，有民家蚕将熟，因桑不给，弃诸田野，若于隙地广植桑，则地利尽，蚕利兴矣，愿以告黄民并愿后之民吏课民增植焉。

同治《黄县志》卷三《食货志》

曰栎，即柞也。一名杼，有二种。一种结实者，其名曰栩，其实曰橡；一种不结实者，其名曰棫，本李时珍说，按《大雅》柞棫。《郑笺》云：柞栎也。棫，白桵也。陆玑云：棫，即柞也；其材理全白，无赤心为白桵。《诗》集于苞栩，瑟彼柞棫，是也。曰：桑，有数种，白桑叶大如掌而厚，鸡桑叶细而薄，子桑先葚而后叶，女桑树小而条长，《诗》所谓猗彼女桑也。山桑叶尖而长，一名檿，《书》所谓厥篚檿丝也。山桑之丝为缯，坚韧异常，莱人谓之山茧。详书《蔡传》。

同治《黄县志》卷六《秩官志》

（崇祯）任中麟，七年任，临潼人。进士。有能吏声，问民疾苦，不畏豪右，民赖以安。时民以社差为苦，酌量贫富，均并数社里甲，得稍免偏累。至山东督学道。

（乾隆）袁中立，十三年任，睢州人，监生。为治宽仁惇大，不事纷更，遇事当为，则毅然任之。缮城垣，修《县志》。值连岁大饥，分俸劝输以赈，民赖生全。蝗蝻生，募民捕之，蝗不为灾。大旱祷雨辄应，皆可纪者。

同治《黄县志》卷八《人物志一》

王时正，字月潭。幼颖异，有壮志，与酒不饮，曰：待宴鹿鸣。后登春秋亚魁，竟如其言。兄时中遭刘瑾之害，上疏鸣冤，父病疽，朝夕天，愿以身代孝，感获愈，授宁国令。请苦自持，以兴学为务，立社学，选诗教民间子弟，捐给廪饩，人才蔚起，择隙地数区，教民种桑养蚕，旱祷辄应，以才望调宣城，宁国人留靴试祝。父丧尽礼，析产让兄。殁之日，城野草木霜白，亦异事也。性生俭约，公恕取法古人，有《月潭诗文》二卷藏家。

民国《黄县志》卷三《物产》

桑，桑科，叶可饲蚕，实可入药，到处见之。柘，柘针，桑科，叶可饲蚕。

蚕，蚕蛾科，丝织各种丝织物，为人工饲养。柞蚕，天蚕蛾科，丝可织物，多由人工饲养。樗蚕，天蚕蛾科，丝可用，多由人工饲养。

民国《黄县志》卷四《实业》

柞，木材最坚硬，大者可制桌几，小者可作镢斧柄，其用耐久。在山谷间与毛松并生，多斫伐之，以烧木炭，成材颇鲜。

楞，生产颇盛，叶有臭味，且多生刺虫。成材者，用作门框及桌凳家具，须用火烘烤，始能免去弯斜。其叶亦可饲蚕，俗呼楞茧。

他若柘桑之属，因本县蚕业极不发达，故栽植甚少。

缫丝业，仅少数女工为之，蚕茧及丝，年产寥寥，半为城市制丝店购收，间亦有缫丝自用者，今已渐失传矣。

旧时杂货业与绸缎业属两行，自洋布外货盛行，内地土布绝迹，杂货业皆兼售绸缎布匹，遂无绸缎专行矣。

福山县

民国《福山县志》卷之三《物产》

丝绸。桑茧少，作茧亦不甚多，近年颇有提倡植桑种柞者。桑。柘。柞，即槲一名不落。栎俗名酒条，其蚕作茧，丝甚坚韧，但无业此者。

《旧志》登载：官园二十九处，官桑共六万五百六十九株，今多不知其处。种桑之利，现尚有提倡者，而水田则无人过问。然虞集京东水利之议，当时未行，而数百年乃仿行焉。兹存此二条，以见桑园水田，皆吾固有，安知后之人不起而行之乎。

康熙《福山县志》卷五《食货农桑》

官民桑，共六万五百六十九株，科桑不等，共五百九十四斤十两二钱，折绢四百七十五疋二丈一尺三十。

康熙《福山县志》卷五《食货土产》

货类。黄绢、茧细、黄丝。木类。桑、柘、楞、橡。虫类。蚕、山蚕。

栖霞县

《府志》　檿丝出栖霞。丝韧，中琴瑟之弦。亦可为紬，居人服之。《禹贡》厥篚檿丝。《注》云：惟东莱有之。

民国《山东各县乡土调查录》

栖霞县：蚕桑，每年柞蚕出茧约在百余万斤，桑蚕出茧不过三万斤，全境桑树现有四万株。

康熙《栖霞县志》卷一《风俗》

织纴。农作外间治茧丝，织本色绢，又有山茧紬，然亦不多，惟纺绩木绵以自衣被，自绅士家及农人，无问男妇，皆为之。

光绪《栖霞县续志》卷五《循吏小传》

舒化民，励精图治，所在有声。自言牧民之官，不外食教，食则农桑，教则庠序。下车之初，倡修文庙，可谓知所先务矣。

光绪《栖霞县志》卷一《物产》

自康熙二十年诸城人教之植柞树，饲山蚕成茧，今三叫诸社为多，然视诸城、沂水，不及十分之一。

附民业。织纴，农作外间治茧丝，织本色绢。又有山茧紬，然亦不多。惟绩纺木棉，以自衣被，绅士农家，无男妇皆为之。

《山蚕辑略》序，孙钟亶

序一

管子曰：本富为上，末富次之。太史公曰：善者因之，其次利导之，其次整齐之，其次教诲之。若东省山蚕，非致富之源而亟待因势利导以整齐教诲者哉，何也？山蚕，即柞蚕，又名野蚕，自莱夷作牧。厥篚檿丝。见诸《禹贡》以来，野蚕记载，史不绝书。惟往昔未假人力，自然生长，故佥以为瑞。近日山东沿海各县，遍山弥谷，植柞成林。土人就柞放蚕，所出茧丝每年出口数达巨万；而由山茧缫丝所织之茧绸，销售欧美、西伯利亚一带；更因色质佳丽，备受外人欢迎，至以山东绸呼之。足见山蚕乃东省天然之利，与出口收入实有至大之关系也。鄙人劝业来东，每思东省以固有之土产工作改良而扩张之。故对于柞蚕之养育以及茧绸之制造，不惮悉心考查，惜无成书俾资佐证，每引为憾！适友人孙介人、牟笑然二先生，持孙君钟亶所编之《山蚕辑略》，求序于余，余受而读之，竟见其考据精确，记载详明，实先得我心。东省实业界同人，果能人手一编，触类引伸，互相讨论。再参照外人漂染之方、织造之法，将所得之技术与学理，列入专门以教授之，而逐渐改良，将来东省柞蚕之利，自可永保盛况，以与世界市场相周旋。则是编之作，其增加富力而有造于地方者实大，又岂仅普通之记载而已哉！如是而乐为之序。

辛酉仲冬淮阴田步蟾撰

序二

登莱野蚕，屡详古史，然列诸符瑞，诧为创闻，语实不经，通人所诮。迨后衣被渐广，风行五洲，卵育滋蕃，弥山遍谷，省工用博，随地咸宜，洵生民一大利源也。惟是居守移下之方、烘瓤眠食之序，土人类能言之，卒无居其地、亲其事，详稽繁引，汇为一书，以供社会之探讨者。余观察胶海，目击土货出口，以茧丝为大宗，辄思广为提倡，由一隅而推之全国，第以事非素习，语焉不详，有志未逮也。栖霞孙君伯诚，为吾友文山先生族子，留心经世，著有《山蚕辑略》一书，因文山而请序于余。余公余浏览，既喜其用力之勤，尤服其立心之广。举凡察阴阳、御鸟鼠、薙草移枝诸法，条分缕析，一目了然。又历溯年来出产之盛衰、物值之消长，以及沿用器具之变迁，义取简明，老妪都解。拓为三十六课，可以教授童蒙，殆致富之奇书，救时之良策乎。昔刘弢子牧宁羌，陈省庵守遵义，皆以购养山蚕，为土人倡导，利赖至今。景仰前徽，心焉向往，得是书而传播之，家喻户晓，精益求精，野茧推行之效，将有月异而岁不同者。而余猥以庸虚，亦藉以良规而酬夙愿，则孙君之匡余不逮，岂浅尠哉。爰此笔而归之。

岁戊午十月上浣吴永撰

序三

《禹贡》曰：莱夷作牧，厥篚檿丝。《蔡子训》曰：檿，山桑也。盖即柞树之类，其地适在东莱，则山茧发生于吾栖也，已不下数千年。蔡子未临吾地，不知山桑之即柞树，故以笼统之名义训之。其时已入正贡，山茧为用大矣。惜乎当日无人提倡，不过自行成茧，人获其天然之利，以为稀奇之物，故用以作贡。然既能作贡，则年复一年，援以为例，并非事之偶然者也。后之人留心时事，引而伸之，触类而长之，故至今胶东西一带，几乎无山不有。牟平、福山等邑，竟有植柞树于河岸者，共养蚕成茧，亦与山等。新学界更发明一种柳茧，其茧与柞树无小异，而丝之细纫稍逊之。奉天等处，其山茧之发达不亚于吾栖，而丝之洁白逊之。此外鲁山、贵州，其丝之细纫洁白，较胜于吾栖，而格电之用无闻焉。惟胶东西及奉天一带所出山丝，太西入以其格电，机器匠及飞艇非此不可，意者天所以福吾民欤！所可虑者，天以此福吾民，民以此获大利，而究不知其所以然，年久倘或失传，未免负上苍衣被斯民之心。孙君华亭，有鉴于此，辑成《说略》，传之后世，播之远方，所以有造于吾民者，既远且深。吾知山茧口见发达，其功德将遍于中外，岂不伟哉！爰弁数言，以馈当世之实业家。

民国七年，岁在戊午，霞山蒋殿甲序

序四

丝、茶二种，固为出口之大宗，发明者代有其人；而北方之山茧，从未闻焉。烟埠近数年来，出口丝绸，岁值甚巨，则山茧发达之原因，不当于此重加意乎？无奈在清中叶，山林樵叟，麓野农夫，传谓天然之利，不假人事。迨至光绪初年，牙山左右，鲜少土田，居民蔟蔟，均以养蚕为业，种柞为本，依此山茧以为养生之源也。故养之之术，精益求精；而利源之开，愈推愈广，至今吾地可为畅行矣。乃留种育苗之法，蚕夫非不研究讨论，而鲜克笔之于书，公诸斯世，推行尽利于天下者也。吾公务之暇，于蚕茧之始终，条分缕析，各求切实。愿世之业丝蚕者，苟能即吾所言，扩而充之，以补助吾之缺点，吾之幸甚，吾国幸甚，是为序。

时民国五年，九月下浣日，孙钟亶题于小隐轩

书后

余暇居无事，偶阅农书蚕桑一节，因有感于山蚕，独阙如焉。询诸土人，略为叙之，惜乎未有群书，无可考证。又闻韩公复名梦周，一字理堂，潍人也。进士，知来安县。手订育蚕及种树法。任来安，教民野蚕，手订《养蚕成

法》，余遍访不可得也。然野蚕之记载，自汉元帝永光四年，东莱郡东牟山始有之。及唐长庆四年，淄青奏：登州、蓬莱野茧，弥山遍谷，约四十里许。其间山东而外，自东汉后汉光武建武二年，野蚕成茧。以后，而魏、《魏略》：文帝欲受禅，野茧成丝。吴，吴大帝黄龙三年夏，有野蚕成茧，大如卵。而宋、《宋书·符瑞志》：元嘉十六年，宣城宛陵县，野蚕成茧。又：大明三年，宛陵县石亭山，生野蚕三百余里，太守张辩以闻。梁，《梁书·武帝本纪》：天监十一年，新昌、济阳二郡，野蚕成茧。而隋、《隋书·礼仪志》：赤雀、苍乌、野蚕、赤豆。唐，《新唐书·高祖本纪》：武德五年，梁州野蚕成茧；太宗贞观十三年、十四年，滁、濠二州，俱野蚕成茧。而宋、宋太祖，乾德四年，京兆野蚕成茧，节度使吴廷祚缄丝以献，纤润可爱。又仁宗嘉祐五年，深州野蚕成茧。又哲宗元祐六年，野蚕成茧。又元符元年，深泽县野蚕成茧，织纴成万匹。又徽宗政和元年，河南府野蚕成茧。又政和四年，相州野蚕成茧。政和五年，南京野蚕成茧，纤绸五匹，绵四十两，圣茧十五两。又高宗绍兴二十二年，容州野蚕成茧。宁宗嘉太二年，临安府野蚕成茧。金、《金史·章宗本纪》：明昌四年，邢、洺、深，冀及河北十六谋克之地，野蚕成茧。元、《元史·世祖本纪》：至元二十五年，保定路唐县，野蚕成茧，丝可为帛。又：元贞二年，随州野蚕成茧，亘数百里，民取为纩。明、明洪武二十八年，河南汝宁府确山县野蚕成茧。永乐二年，礼部尚书李至刚奏：山东郡县，野蚕成茧，缫丝来进，百官请贺。上曰：此常事，不足贺。永乐十一年，以野蚕丝制衾，命皇太子奉荐太庙。又山东民有献野蚕丝者，群臣奏贺瑞应，上曰：此祖宗所祐也。特命织帛，染柘黄制衾以荐。又英宗正统十年，真定府所属州县，野蚕成茧，知府王，以丝来献，制幔褥于太庙之神位。又成化二十三年，文昌县野蚕成茧。历代不时以瑞奏闻。自汉以至有明，皆自生自育，未尝须人力也。迨清高宗之上谕姜顺龙官四川按察使之折奏，莫非依法喂养，以收蚕利。陈宏谋字榕门，官陕西巡抚，卒谥文恭，著有《五种遗规》等书。之抚陕也，有广行山蚕檄。周人骥抚黔，奏仁怀等处，结茧数万，各属仿行。加以抚黔之宋如林字仁圃或有请状，或有通饬，俱系筹裕民食之至意。至如俞渭字秋浦，任黎平知府，前后捐廉银四百两，购种河南鲁山，三眠成茧，抽丝织绢，滑泽有光，不亚遵郡。请禀，陈瑜字葆初。黎民放养山蚕，自道光己酉始。咸丰初年，知县陶履诚，* 知府胡林翼，先后捐助，以苗乱废。道光三年，

---

* 陶履诚，字实卿，江南人，道光二十九年知开泰，择隙地植橡栎，购山蚕子，种养之，郡人始知养蚕法（光绪《黎平府志》卷六下）。

知府袁开第，辟公桑园，谕郡人购种河南归养，头二眠约三十万，三眠以雨雹损。说略，大司农孙益都，名廷铨，字沚亭，官至大司农。作《山蚕说》，其词最古雅。王阮亭因广其意，作《山蚕词》。张钟峰偶阅王阮亭《居易录》，言孙益都《彦山杂记》山蚕、琉璃、窑器，煤井、铁冶等，文笔奇峭，曲尽物性，急披而读之，则诸文咸在，独无所谓《山蚕说》者，益用耿耿于怀，后见周栎园《书影节记》载是文，信如阮亭所称，然犹憾其略也，诵读暇日，因其说而畅之，作《山蚕谱》。之《山蚕说》，文简公王士祯，字贻上，号阮亭，别号渔洋山人。世为新城右族，官至刑部尚书，卒谥文简。所著有《带经堂集》、《渔洋诗话》、《皇华纪闻》、《池北偶谈》、《陇蜀余闻》、《北征日记》、《唐人万首绝句》、《唐诗十选》诸书。之《山蚕词》，张崧钟峰之《山蚕谱》，郑珍子尹之《樗茧谱》，此皆名臣学士利人利世之苦心。若刘弢子名棨，山东诸城人，字弢子。登进士，出知长沙县。居官廉惠，遂迁知宁羌州。一日出郭，见山多槲树，宜蚕，乃募里中善蚕者，载茧种数万至，教民蚕。茧成，复教之织。州人利之，名曰：刘公绸。后擢天津道副使，累迁四川布政使。子统勋，孙墉，官皆至大学士，语在名臣传。知陕西之宁羌，陈省庵名玉壂，山东历城人，登进士。乾隆三年，任遵义知府，教民养蚕，获茧至八百万，进绸之名遂与吴绫、蜀锦争价。守贵州之遵义，足征实事求是，为民兴利。东牟一带，自青州募人来教民善蚕植柞，自康熙己酉学正王汝严始。惜其时民间以为不急之务，十数年后，蚕业大兴，始相与歌功颂德于不置。余自惭腹朽，待异日购得群书，互相参考，庶补吾书之缺，聊藉此苟合苟完，以书其后。

民国九年，阴历陬月灯节前一日，孙钟亶谨志

招远县

民国《山东各县乡土调查录》

招远县：蚕桑，境内桑树约有二万余株，民间养蚕习用旧法，蚕业不甚发达，出丝约二万余两。

顺治《招远县志》卷四《风俗》

大抵齐之数郡，风俗与古不殊，男子多务农桑，崇尚学业。其归于俭

约，则颇变旧风。东莱人尤朴鲁，故特少文义《隋书》。织衽农作外，间治茧丝，织本邑绢。又有山茧绸，然亦不多。

顺治《招远县志》卷五《物产》

椿樗，香者名椿。《夏书》作杶。《左传》作櫄。今叶香可啖，谓之香椿者，是也。臭者名樗，《庄子》曰：吾有大树，人谓之樗。其大本拥肿而不中绳墨，其小枝拳曲而不中规矩。然今匠人用之，颇称佳料，未敢以蒙庄之言为然。又山樗名栲，《尔雅》云：栲，山樗。 桑，招邑多条桑，其利甚溥，叶可饲蚕，皮可作纸，条可为筐筥之属。树桑，亦间有之，子名椹，可食。柘，山中有之，《宗舆》曰：其叶可饲蚕。招邑不用也。丝枲之属，茧，有黄、白二色。山茧，《禹贡》厥篚檿丝。《注》檿，山桑也。山桑之丝，其韧中琴瑟之弦。苏氏曰：惟东莱为有此丝，以之为缯，其坚韧异常，莱人谓之山茧。茧生山桑，不浴不饲，居民取之制为绸，久而不敝，招邑又多春茧，名春绸。

顺治《招远县志》卷十二《艺文》

薛国观，《招远道中》诗云：路行招远尽，大不似栖霞。树少巢无鸟，山多地半沙。桑麻石作畔，町疃鹿为家。安得星言驾，春回使者车。

道光《招远县志》卷五《物产》

桑，招邑多条桑，其利甚溥。叶可饲蚕，皮可作纸，条可为筐筥之属。树桑亦间有之，子名椹可食。柘，山中有之，《宗舆》曰：其叶可饲蚕，招邑不用也。蚕，李时珍曰：自卵出而为妙，自妙蜕而为蚕，蚕而茧，茧而蛹，蛹而蛾，蛾而卵，卵而复妙，盖神出也。茧，有黄、白二色。山茧，《禹贡》厥篚檿丝。《注》檿，山桑也。山桑之丝，其韧中琴瑟之弦。苏氏曰：惟东莱为有此丝，以之为缯，其坚韧异常，莱人谓之山茧。茧生山桑，不浴不饲，居民取之制为紬，久而不敝，招邑又多春茧，名春紬。

莱阳县

《县志》　农作外，间治蚕桑，其铺眠分抬之劳，属之妇女，练丝之役，多男子共事。此外有野蚕，食槲叶，但蓄之树梢，无铺眠劳，然亦勤于看视，防诸鸟雀所伤。蚕丝织绢绵䌷，槲茧织山䌷，皆巨贾收贩。明，沈俊，合肥人。正德间，知莱阳。暇则单车适野，劝课农桑，时有一廉清似水，万姓仰如天之谣。擢御史。祀名宦。又，陈英，劝课农桑。擢御史。国朝，赵光荣，去思碑云：劝课农桑，重本计也。光荣，神木人。

—— // ——

民国《山东各县乡土调查录》

莱阳县：蚕桑，育蚕者渐多，每年收茧约七百石，共计种桑之地在七百亩以上。

光绪《增修登州府志》卷三十一《文秩七·莱阳县》

陈英，江西新淦进士。成化四年任。文学经济，民悦政举。暇则诣学课诸生，劝课农桑，士民仰之。擢山西道监察御史，祀名宦祠。

沈俊，安徽合肥进士。正德七年任。时县治毁于兵，公念民疮痍，不忍修葺，坐席棚涖政。暇则单车适野，问民疾苦，劝课农桑。时有一廉清似水，万姓仰如天之谣。擢浙江道御史，祀名宦祠。

康熙《莱阳县志》卷五《官师·知县》

（康熙）赵光荣，二十八年任，神木人。贡监。升开封府同*。

康熙《莱阳县志》卷三《食货·民业》

蚕桑。农作外间治蚕桑，其铺眠分抬之劳属之田妇，练丝之役多男子共事。此外有野蚕食槲叶，但蓄之树梢，无铺眠劳，然亦勤于看视，防诸鸟雀所伤。

织作。有蚕丝织绢绵䌷，又槲茧织山䌷，葛麻织葛布，皆有巨贾发银收贩。其穷乡山陬，无论男妇，皆纺花织布以自衣。而余布则鬻于乡城市上，为糊口纳税之需。

民国《莱阳县志》卷二之六《实业·物产》

蚕，益虫，有桑蚕，亦食柘榆，分家野二种，有柞蚕、槲蚕，并食枣椒葵叶。李时珍曰：自卵出而为妙，自妙蜕而为蚕，蚕而茧，茧而蛹，蛹

---

* 应为“升开封府同知”。

而蛾，蛾而卵，卵而复蚰，盖神出也。

柞，落叶乔木，叶形尖长，干则色黄，经冬不凋。其初生时俗呼不落，实如小栗，曰：橡子。不可食叶，可饲蚕，亦可作染。柘，一名槲，即山桑叶，可饲蚕。椿，《夏书》作杶。《左传》作櫄。《说文》作槆。叶香可啖，俗称香椿。樗，叶臭不可食，可饲蚕，一名栲，《尔雅》云：栲，山樗。桑，叶可饲蚕，条可制器，皮可造纸，子葚可食，亦入药。

民国《莱阳县志》卷二之六《实业·物产》

茧紬，向亦为出口货大宗。北部山多柞栎，农民于夏放蚕，而秋取其茧，谓之山茧，即《夏书》所称檿丝。纩工纩之，织工织之，质坚且良。每年运往烟台转输外洋，获利约十余万金。惟近外人增加关税，出口减少，即内地销路亦为洋织丝品篡夺，值逐日落，业主骎骎，有失业之虞。

民国《莱阳县志》卷三之一上《人物·职官》

赵光荣，陕西神木，贡监。（康熙）二十八年任，三十四年荐饥，光荣煮粥赈济，全活甚众。迁开封府同知。

宁海州

《州志》　农务耕田，间治蚕桑。无田者，傭作蔬圃，劳过于农。

民国《山东各县乡土调查录》

牟平县：蚕桑，境内山阜重叠，种柞者甚多，故山蚕业较他县为独发达。

同治《宁海州志》卷一《祥异》

（汉）永光四年，牟平山野蚕成茧，收万余石，人以为绵絮。

同治《宁海州志》卷四《土产杂品》

山茧，柞蚕茧也。春秋两作茧，春茧成于五月，秋茧成于八月，俱有茧市。饲蚕有柞、有槲、有椆、有栲，其类甚繁。张钟峰崧*《山蚕谱》辨之极详。按，《尔雅·释虫》蟓桑茧。郭璞《注》食桑作茧者雔由，樗茧食樗叶，棘茧食棘叶，乐茧食乐叶，皆蚕类。郑樵《注》云：蟓者家蚕也，雔由与蚢，则山蚕也。

同治《宁海州志》卷五《风俗志》

齐本诗书之国，忠义之邦。男子多务农桑，崇尚学业于钦《齐乘》。缙绅节俭崇让，为士者布衣蔬食，不矜华耀。农务耕田，间治蚕桑，铺眠分抬属之田妇，农无田者为傭作。

光绪《增修登州府志》卷三十二《文秩八·宁海州》

李湖，江西南昌进士。乾隆十九年，重修学官，兴利除弊，裨益甚多。命民种柞树，以养山蚕，严樵苏，迄今受其利。升泰安知府，州民送者遮道，并立祠祀之。

光绪《诸城县乡土志·耆旧录·列传下》

王汝严，家栋曾孙。官宁海州训导。州人多樵槲叶为薪，汝严教以养山蚕法，人利之。

咸丰《青州府志》卷四十七

王敛，字凝箕，诸城人。父汝严，附贡，宁海州训导。山多槲，州人以为薪，汝严教以养山蚕法，人皆利之。

宣统《山东通志》卷百三十六《艺文志十·农家》

《山蚕谱》二卷，张崧撰，崧有《幼海风土辨证》，见史部地理类，采访册载。是书云：凡分十门，一曰：辨类。二曰：辨木。三曰：辨场。四曰：育种。五曰：收积。六曰：辨抽。七曰：考古。八曰：赞咏。九曰：旁征。十曰：辨讹。《州志》载崧自序云：登莱山蚕，自古有之，特前此未知饲养之法，任其自生自育于林谷之中，故多收辄以为瑞。宋元以来其利渐兴，积至于今，人事益修，利赖日益。广立场畜蛾之方，纺绩织纴之具，踵事而增，功埒桑麻矣。顾不知者，每以《禹贡》之檿丝当之。先儒说部，名贤歌咏，往往谬误，目未亲睹，仅仅以传闻之辞臆而书之，论多

---

* 张崧著《物产备览》、《眼学堂诗集》一卷、《向若新藁》一卷、《幼海风土辨证》十四卷，未梓。《旅食贤已录》五卷、《山蚕谱》二卷、《白蜡虫谱》一卷、《北菌谱》二卷。

歧出，无足怪也。每思考其族类，以备一方物产之略，苦于固陋，迟迟未能。偶阅王阮亭《居易录》言孙益都沚亭《颜山杂记》，记山蚕、琉璃窑、煤井、铁冶等，文笔奇峭，曲尽物性，急披而读之，则诸文咸在，独无所谓山蚕说者，益用耿耿于怀。后见周栎园《书影节记》载是文，信如阮亭所称，然犹憾其略也，诵读暇日，因其说而畅之，期于族类分明，使览者知有蟓蚢之殊，檿柞之别，不至混淆而已。若云：笺注虫鱼，贵于典古，则未遑也。乾隆十五年夏五元日

民国《牟平县志》卷五《政治志·实业》

劝业所。创于民国九年，以劝导人民养蚕植树改良手工业为宗旨。置所长一人，陈传典充任之，并置劝业员一人，文牍一人。经费每年大钱一千四百吊，由山海渔行认纳二百吊，牙税包商认纳一百吊，余由地方款生息项下发补。其工作曾在西校场北坛与四关城壕以内，设有桑园三处，共二十五亩有奇，又苗圃二十五亩有奇，以为提倡林蚕之用。

民国《牟平县志》卷五《政治志·实业》

蚕业讲习所。之罘华洋丝业联合会为发展其业务起见，在牟平五区广泉寺，价买基地三方里，中部有办公室，育蚕室，教室及宿舍，共二十余间，此外完工分植桑柞。职员五人，分任其事，除按时教授外，所有种植饲育各方法，悉随时督同学生，实地练习。所收学生，以初小修业四年者为合格，一年卒业。此处每年可出桑茧四百余斤，柞茧十二万斤。现尚在试验时期，注重选种，不求扩张产额，将来尽量为之，则应超过此数多多矣。此外尚有讲习所二：一在七区屯车夼，一在六区凤凰崖。

民国《牟平县志》卷一《地理志·物产·动物》

柞蚕，亦称野蚕，以其丝织紬，谓之山紬，县境多山，柞栎等木，最为易生之物，故养柞蚕者，成为农家普通副业。缫丝织紬各厂，亦所在多有，织紬产品，成为出口大宗。六区之崖子、青山等处，四区之龙泉汤、殿后等处，九区、十区之冯家、黄疃等处，蚕丝营业，极为发达。近虽受外界影响，价值跌落，然养柞蚕者，仍不废业。惟是养柞蚕较养桑蚕为苦，以柞蚕散在山野，温度之调剂，敌害之防御，皆无把握，惟有勤苦看守之一法耳。至桑蚕因境桑株缺少，除玉林、冯家附近等处外，养者甚属寥寥。

民国《牟平县志》卷一《地理志·物产·植物》

桑。槲，俗称槲不落，叶大，可饲蚕。栎，古名栩，亦名杼，叶可饲蚕，其材斜理，宜为薪炭。柞，俗称不落，本县各山皆产之，除养蚕外，概充薪炭用。柘，叶厚而尖，稍硬于桑叶，亦可饲蚕。

民国《牟平县志》卷五《政治志·实业》

蚕业

本县桑蚕无多，普通蚕业，皆以柞蚕言之，略述如左：

蚕场，本县自清知州李湖教民植柞育蚕后，柞树几遍全境。柞之种类，为栎，为橡，为槲，为青棡。产柞之处，俗名蚕场，亦名蚕岚，其价格比普通山林为昂。问当者至数蚕场以对，各区均有之，以四区及九、十各区为多。

蚕户，育蚕系农家副业，本无所谓专户，惟出主即蚕场所有人，招人育蚕，始称蚕户。实则自行育蚕者，亦未尝非蚕户也。

蚕具，筐，篓，蚕剪，秫箔。

育蚕，育柞蚕者，首当清理蚕场。因柞蚕散在山野，百虫皆足为害，须将乱草割除，再撒药杀虫。然后蚕有立苗之地，其育蚕手续，先选种，名曰摇茧。次选蛾，名曰剔蛾。次盛蛾于筐或拴于柞枝，名曰拴蛾春蚕盛筐秋蚕拴枝。十日蚕出，分布各处，视蚕数之多寡与柞叶之疏密，量予分合去留，名曰破蚕。蚕自幼至老脱皮数次，每次皆不食不动，其状如眠，名曰蚕眠。普通四眠后作茧，间有至五眠者，每年分春秋两期，春期育种，手续颇难，非富有经验者莫办，故育蚕者少。秋蚕则普通蚕户皆能为之，故茧市至秋始成立也。

茧市，秋茧上市，为各乡集最盛时期，四区龙泉汤、六区崖子、九区冯家、十区黄疃……等集，皆为茧之聚处，而崖子尤盛。民国十五年，崖子某集期，上市茧数，达十余万千之多茧以千枚为单位，价值四十余万元。此巨额之茧，未必概为本区所产，而本区所产，亦未必同日到市。一区如此，他区可知。数年前，蚕业之盛，可想见矣。今则以丝业不振之故，茧价低廉，民初至二十年以前，茧价平均，每千值银四五角。二十年以后，步步落价，最低至每千值银一元五角。二十四年，略见起色，平均每千值银二元左右。山民舍育蚕又别无他业。生计维艰，亦农村破产之一因也。

此外，育桑蚕者，以七八九区为多，玉林、午极、冯家各集。桑茧亦能成市，但比柞茧产额，则相差远矣。

民国《牟平县志》卷九《文献志·艺文·文选》

《山蚕谱》序，邑人张崧

登莱山蚕，盖自古有之，特前此未知养之法，任其自生自育于林谷之中，故多收辄以为瑞。宋元以来其利渐兴，积至于今，人事益修，利赖日益。广立场畜蛾之方，纺绩织纴之具，踵事而增，功埒桑麻矣。顾不知者，每以《禹贡》之檿丝当之，先儒说部，名贤歌咏，往往谬误，目未亲睹，仅仅以传闻之辞臆而书之，论多歧出，无足怪也。每思考其族类，以备一方物产之略，苦于固陋，迟迟未能。偶阅王阮亭《居易录言》，孙益都沚亭《颜山杂记》，记山蚕、琉璃窑、煤井、铁冶等，文笔奇峭，曲尽物性，急披而读之。则诸文咸在，独无所谓山蚕说者，益用耿耿于怀。后见周栎园《书影节记》载是文，信如阮亭所称，然犹憾其略也。诵读暇日，因其说而畅之，期于族类分明，使览者知有蟓蚢之殊，檿柞之别，不至混淆而已，若云：笺注虫鱼，贵于典古，则未遑也。乾隆十五年夏五元日。

民国《牟平县志》卷九《文献志·艺文文选》

河南卫辉府滑县知县张公讳崧墓碑（海阳冷泮林）

先生讳崧，号钟峰，字洛赤，世居宁海泽上村。由廪生登雍正丙午科。贤书德行，文学师表一郡，为瀛州书院山长，门下多知名士，泮林自幼受业焉。授河南卫辉府滑县知县，抚字心劳，滑人称为神君，未三年，以勤卒于官。娶王孺人，夏村儒童廷楷公女，三岁而孤，稍长识大义，泣请于祖父，立堂兄士俊以奉父祀。及于归后，承两世欢，存没俱无间言。先生暨孺人俱以康熙乙亥年生，越乾隆戊寅年，先生卒于滑署。舁榇归里，葬东南茔。至壬辰年，儒人卒，徙于兹阡，合窆焉。子三人：长启愚与泮林为同年友，次幼愚增广生员，次复愚太学生。孙九人：启愚出者四：在文邑廪生，先孺人殁，在华、在蓬、在都。幼愚出者一：在瀛。复愚出者四：在豫、在田、在涧、在阿。曾孙二人：诵芬在文出，发先在瀛出。乾隆甲子科举人拣选知县受业门生冷泮林沐手撰文。

《野蚕录》序，王元綎

恭录　高宗纯皇帝圣谕

上谕军机大臣等：据四川按察使姜顺龙奏称，东省有蚕二种，食椿叶者名椿蚕，食柞叶者名山蚕，此蚕不须食桑叶，兼可散置树枝，自然成茧。臣在蜀见有青杠树一种，其叶类柞，堪以喂养山蚕。大邑知县王隽，曾取东省茧数万散给民间，教以饲养，两年以来已有成效。仰请敕下东省抚臣，将前项椿蚕、山蚕二种作何喂养之法，详细移咨各省。如各省现有椿树、青杠树，即可如法喂养，以收蚕利等语。可寄信喀尔吉善，令其酌量素产椿、青等树省分，将喂养椿蚕、山蚕之法移咨该省督抚，听其依法喂养，以收蚕利。再直隶与山东甚近，喂养椿、山蚕不知可行与否？并著寄信询问高斌。乾隆八年十一月初八日。

叙

中国蚕桑之利冠于五洲，以故家有撰述言蚕之书几充栋，而言野蚕者独鲜，登莱野蚕自古有之。宁海张钟峰著有《山蚕谱》一书，惜兵燹后，稿已散佚，惟《州志》仅存其序。每思考其种类，详其饲养，以纪一方物产之盛，有志未逮也。戊戌秋，分发来皖，晤同乡于茀航于来安，因询以史，称滁州野蚕食槲叶成茧，大如柰。今滁属果否宜蚕，茀航言，乾隆中潍县韩公复任来安，尝募东省蚕工，教民野蚕，当时甚蒙其利，公复手订《养蚕成法》，今尚载《来安县志》中。乃索而读之，惜其简略，且其法与今多不合，因不揣固陋，谨就平日所见闻者汇而录之，并搜采杂书以附益之，编次既竟名之曰：《野蚕录》。时朝廷以和议成，力求变法，以图自强，窃谓富者强之基也。故泰西各国莫不以商务为重，中国出口之货，以茶丝为大宗。近年以来茶业败，而丝亦因之议者以为各国皆产丝，且制作尤佳，不复仰给于中国，故出口之数日少。此论似是而实非，中国养蚕之地莫盛于湖州，乃近年所出之丝除出口外，并不足供本地之需，遂越太湖往无锡购买粗丝搀杂之，以为纬，每年多至数百万斤，而绌缎之属价且日昂，而未有极足征。中国蚕种受病之日深，实出丝之不旺，非有丝而不售也。野蚕之丝虽不如家蚕，而其工省，其利倍柞栎等树，随处有之，缘山弥谷，不比栽桑之烦扰。我中国疆土寥阔，诚使逐渐推广，饲养得法，将出口之数日多一日，未始不足以补家蚕之缺。而失之东隅者或收之桑榆也，是则区区之意也夫。

文登县

民国《山东各县乡土调查录》

文登县：特别出产，柞蚕。

民国《文登县志》卷十三《土产·木之属》

今村民厚利莫如柞树俗名不落，一名栎，一名栩，一名柔，一名棫，其实名草即早字，《说文》作草，诗《陆疏》作早。一名樣音橡，一名草斗，一名象斗，一名茅，一名柞，实樣字俗别作橡，故又名橡，其房名梂，与槲相似而不同，即《禹贡》、《注》之山桑，其叶可以饲蚕，厥篚檿丝。唐虞职贡，俗名山茧，由来远矣。《暑窗臆说》云：山茧，即《禹贡》之檿丝，今之山䌷，有柞之山，谓之蚕场。春蚕出自秋茧，秋蚕出自春茧，若风雨以时，阴阳和调，春秋两收，其利什倍。惜土人拙于工作，不谙缫织之法，虽有厚利，为他邑人埔鬻䌷载以去。

唐堂随笔考《尔雅》，蚕食桑叶者曰蟓。食樗叶者曰雠由。食萧叶者曰蚢。即今山蚕之说，茧之出蛾也。盛之以筐，蛾生子俱著筐上，乃割柞之初生芽者，植之河边，令其不枯，曰引科。以筐就之，小蚕皆蠕蠕附枝，食叶渐大。至二眠移诸山，曰蚕场。四五眠乃作茧，春秋两熟，以秋为上，淋以灰汁，煮之，去其蛹，抽丝织䌷，曰山䌷。色朴近质，坚韧异常。

邑中诸山，西昆仑、东驾山、南马山，皆产茧。每年季秋茧熟，西商挟重资货屋缫丝，席卷归去。所织细致而光润，名曰：茧缎。南走姑苏，北达燕辽，通都大邑，四出贩卖。计十茧之利，邑人得其二而已。

民国《文登县志》卷一上《山川》

马鞍山。俗名马山，在城西南十里，中多石洞，今塞。《魏书·地形志》“观阳县有马实山”即此。北魏县之南境隶观阳，故以马实牛耳。诸山定疆界，山产茧最良，土人名曰马山茧。

光绪《增修登州府志》卷六《风俗》

文登，近海早寒，商贾不通，人罕逐末。士好经术，俗尚礼义。男耕女织，质掩其文。

道光《文登县志》卷七《物产》

文邑土薄，生殖不阜，故民多贫。然有田可耕，有山可蚕，有海可渔，人事奋，地力尽，百物有，不昌者乎？是亦有志民瘼者所宜讲求也。

木属。椿、樗。枲属。檿丝。

荣成县

道光《荣成县志》卷三《物产》

柞、槲、樗、椒皆可饲蚕。柞、槲之蚕名蚖，成大茧。即《禹贡》之檿丝。樗蚕名雠由，成小茧。椒茧罕有，俗皆谓之山紬。

海阳县

民国《山东各县乡土调查录》

海阳县：蚕桑，常年约计家茧出丝数十斤，柞蚕出丝四千余斤。

乾隆《海阳县志》卷四《物产》

莱夷作牧，厥篚檿丝，详载言之矣。……近则力穑者多，开垦渐广，墙阴檐隙，遍列桑麻。

木属。柘、桑、橍、柞。丝枲之属。檿紬、绵紬、绢、丝。

光绪《海阳县续志》卷七《物产》

货属。茧，有桑、柞茧二种。

光绪《增修登州府志》卷三十五《文秩十一·海阳县》

高晋，镶黄旗，荫监。雍正十三年十月任。时县治初设，晋规划疆理，审度时宜，问民疾苦，敦劝农桑，甚有惠政。

卷十一

莱州府

《府志》　《宋史》云：京东东路西抵大梁，南极淮泗，东北至于海，有盐、铁、丝、布之饶。其俗重礼义，勤织纴。元，至元二十五年七月，胶州大水，民采橡为食。

康熙《山东通志》卷八《风俗·莱州府》

莱夷作牧，贡篚。以时莫怠，莫违《杨雄箴》。其俗重礼义，勤织纴《宋史》。

光绪《莱州府乡土志》卷下《动物制造》

本境育蚕者少，其利未兴。昌邑茧䌷出自山茧，其丝尽由本地或来自日照、寿光诸县，取而缋之，远及他郡。要之昌邑，䌷不及鲁山也。鲁山䌷本境亦用之，而其价颇昂也。

乾隆《莱州府志》卷十六《祥异》

（宋）哲宗元祐七年五月，潍州北海县蚕自织如绢，成领带。

（元）世祖至元二十五年七月，胶州大水，民采橡为食。二十九年五月，潍州北海县有虫食桑叶，尽无蚕。

民国重刊万历《莱州府志》卷三《风俗》

《禹贡》厥篚檿丝，取之旷野深谷，时有时无，非家畜，而人有之，卒索之，率无以应，安在其为产乎？则谓莱无产，亦可矣。

宣统《山东通志》卷七十五《职官·宦迹二》

徐大榕，字向之，江苏武进人，乾隆壬辰进士。由部郎授莱州知府，调任泰安。治移尸诬赖案，甲有恶其嗣子者，与妻缢杀之，且杀子，妇移尸，诬县学生某以盗嗣子妻，致夫妇羞愧自尽，狱具到郡，发棺视尸，得勒毙状，鞫讯尽伏，出某生于狱。其任莱州时，劝课农桑，兴理学校，以儒术饰吏治，士民向化。所属平度州民罗有良殴毙妇弟张子布，畏罪乃毙，其母以诬子布，到郡履讯，得实具狱。上大府惑于浮言，反以案不实，疏劾，系济南狱，乃诉之，部得旨，命胡尚书按其事引囚入，方严冬雷震，有良惧自陈毙母状，事得白，复原官，调济南府。《国朝者献类征》

民国《烟台要览·蚕牧篇第十一》

第一章　蚕桑

第一节　绪论

我国柞蚕俗称野蚕之发见始于千八百年前，就山东一省而论，据历史所载，前清乾隆时代柞蚕之饲育已极发达。后因种种关系，渐就衰微，现仍盛行于中部地方。尝见其所植桑树名曰鲁桑，高出云霄，干数抱，大人家之周围多植焉，岂孟子所谓五亩之宅树之以桑之本旨耶。烟台近自茧绸需用之途开，年前由丝商呈请政府免税征捐，将款留作提倡蚕桑之需用，亦足见东人之注意之矣。本篇本属于农产范围，因茧丝占烟台工商之大部分，故为另篇而述之。又因制造丝绸之手续繁多，后当于丝业篇罄述之，本篇仅始自饲育以至成茧为止焉。

第二节　饲育地

山带地概行饲柞蚕，柞蚕者以柞叶或栎叶而饲育者也。体质非常强健，病菌不能侵入，外界虽有影响，蚕之生育如故，虽然体质强矣。饲育诚实便利，惜蚕民暗于科学及饲育之改良，每有不得优良结果者，以致丝光晦暗，色泽不匀，丝质粗刚。较诸江苏之锡园种，浙江之桂夏种，不得同日而语，惜哉。山东全省之饲育地方有宁海即牟平、文登、栖霞、莱阳、海阳、招远、荣成、胶县、昌邑、日照、诸城等处，皆胶东道属区域也。就中最盛者首推宁海、栖霞、文登诸县。

第三节　饲育种类

柞蚕二字通称，亦学名也。意取食柞、槲、栎、椆等树之叶，所生长之二化生虫也，发生于春秋二季。其生代与形态如下：

一由春季发生者，系去年之蛹。待春暖时化蛾产卵，其卵普通经十二三日孵化。俟孵化后再过四十余日，开始结茧，故称为春蚕。

二春茧经过二十余日再形化蛾产卵，其卵之孵化较春茧稍速，只须十一二日。此举幼虫过孵化后五十日，内外结茧，越年故称为秋蚕。

柞蚕原为二化生虫，然因气候之关系，春季结茧最迟之卵至夏季不化蛾。有延至翌春而始化蛾，名一化。生者亦间有之，然属于例外，蚕儿普通均属四眠，往往有三眠或五眠者。考蚕儿孵化当时之形态，头部呈赤褐色，全身黑而多毛，自第一眠告终，即脱皮而变为黄绿色。至第二眠，脱皮后则变为鲜绿色，其背侧各现数对之银色斑纹。及经三四眠时，其色愈绿，洎近于老熟，则背部稍稍透明矣。柞蚕称为野蚕，有时亦称天蚕，故柞蚕蚕茧称为野蚕茧，其形状较家蚕茧大，重量亦略有二倍，两端形如鸡蛋，带淡青色或淡黄色。

第四节　蛹之形态

蛹之形态亦较家蚕大，其蛾有透明圆纹，周围绕以红黑线。翅上带黄褐色，其前翅之前线近于尖端，有透明紫色之带，近于各翅外缘部分有紫红色之带，若翅展开时，自后翅之内缘起，至前翅之前缘终，如见有一连续之横带。至于触须则雄粗雌细，皆呈栉齿状，而腹部则反是雌肥大雄细瘦也。

第五节　饲育场

柞蚕系放置于柞、槲、栎等树上而饲育者，故称此等树为放蚕树，有放蚕树之地，称为蚕场。放蚕树之种目有柞、槲、栎、枫等类，然本省以柞树为主旨，皆系播栽培者也。其方法通常以一粒至四粒为一株，一天地之面积可栽培五百株至八百株。至于养育法，有根刈及中刈两种，本省所用者则为根刈法。播种或伐采后，经过三四年长成四五尺之高者最为适当。每一颗树可放养十个内外之蚁蚕，若放蚕多，经年日久，则其叶硬，不适于用，普通四五年后即轮伐之。至对于放蚕树之害虫，纯任自然，尚无何等之研究。蚕场最忌湿气，以地势高燥不受北风侵害之处为佳。

第六节　饲育时期

柞蚕之饲育分春秋两季，其饲育时期如左：

（一）春蚕

春蚕三日上旬清明节前后出蛾产卵，经十二三日后谷雨之顷孵化。其放养树上之迟速，须依放蚕树发芽之先后。大概一龄中选择湿润地所在之树，放置于嫩芽上，而饲育之，待至二龄始放养于蚕场。到五月二十日前后夏至之顷结茧。

（二）秋蚕

六月下旬初伏之候出蛾交尾后，直送于蚕场，使在放蚕树之枝叶产卵。经十一二日后孵化，过四十余日相继结茧，普通以九月初旬寒露节气前后为收获之期。

第七节　蚕儿发育之状态

柞蚕普通四眠，间有三眠或五眠者，其五眠之蚕以秋蚕居多。至发育之状态，一龄中色黑多毛，其大约三分。自一眠后即脱皮变为黄绿色，二龄末其大约八分。三龄中长大达一寸四五分，至四龄则达二寸以上。及四眠后发育甚速，经过六七日已达其极，最大者有三寸六七分。至于吃叶及睡眠时间如左：

孵化后，吃叶三日因晴雨而有差异，一眠二日。

一眠后，吃叶四日，二眠二日半。

二眠后，吃叶四日，三眠三日。

三眠后，吃叶五日，四眠四日。

四眠后，吃叶十一日，营茧四日乃至五日。

第八节　茧之产额

本省每年茧之产额因无确实统计，不得其详。然依放蚕树之状态，柞蚕丝之输出入，茧绸之输出数量综合而推算之，可断定柞蚕茧之年产额约三十亿个。其茧千个之重量假定为十斤，总计则为三万斤内外。

第九节　茧之品质及价格

柞蚕茧之品质优劣不一，评定高下，颇属困难。兹将最主要各条件列左，以供参考：

（甲）丝量之多少

（乙）光泽之色合

（丙）干燥之程度

（丁）茧内蛹之生死腐烂

（戊）解舒之难易

（己）屑茧之有无多少

（庚）茧之大小

（辛）形之整否

八者而已。

茧之价格因品质之良否，丝况之如何，经济状态之变动，年各不同。即时间与场所之差异，价亦悬殊。一般之交易方法不依重量，而用个数。通常以千个为标准，依此而定价格焉。

第十节　茧之用途

柞蚕茧之用途与家蚕茧同，专供制丝之原料。不过因种类品质之关系，用途微有差异耳。即春蚕多用为秋蚕之茧种，其余则在原产地缫丝，作为茧丝之材料。至于秋茧，除翌年茧种外，专供制丝之原料。

第十一节　屑茧

屑茧普通分三种：即腐烂茧、薄皮茧及出壳茧，是也。腐烂茧称为油茧，又称为油烂茧，薄皮茧亦称薄茧，二者皆供制粗恶丝之用。出壳茧称为茧控儿，如春茧之出壳，称伏控子，秋茧之出壳称秋控子，亦皆供纺绩丝之原料。更有一事，出壳茧与家蚕茧差异者，即出蛾之际，不独丝条无功断之忧，而制丝上及解舒容易，是也。

民国《烟台要览·丝业篇第十二》

第二章　纩丝

制丝工程，柞蚕丝之向来均用旧法，在自宅设备数台或数十台之缫丝器，即从事制造。近鉴于世界之趋势有建设制丝工场，装置新式器械者。兹将工程之概况叙述如左：

山茧杀蛹法。生茧不能永久保存，除短期间内供制丝之用外，余俱为之加热干燥，令其杀蛹，普遍称为烘茧。其因此目的所建设之小屋称为烘茧房，烘茧房用砖或土石等筑造长约二丈四至三丈六因工厂之大小不同，宽约八尺高八尺，每隔八尺设置一壁，安其门扉。其地下造炕，后方或侧面设置焚口。室内距地面高约七寸，架有板，板上排列长三尺五寸，宽一尺五寸，深五寸之箱，箱之底部用割竹，或苇条等做成，室内暖气之流通须毫无阻碍。其预备杀蛹之茧以平均之厚入于箱内，排列板上，再由焚口处点火，经四时间即杀蛹。毕事矣，其一室中架列板之数为四列五层，一箱中之茧数以二千个为适，当故一室一次，得为四万个，茧之杀蛹，若一昼夜之作业无间断，行之可得，杀蛹五次，故通常一日一室之干燥茧数为二十万个云。

蒸茧法。以茧一万至一万三千个入于涂抹灰之铁釜中，用口碱由张家口来之天然曹达四五斤，与清水七斗混合，煮沸约二时间。后用柳条制之笼取出，复将煮沸之水注入其上，洗去附着之灰汁。此项工项完后，凡残留铁釜中之溶液全部汲出，再注入三斗之清水，上装置木架，盛以柳条笼，将前茧蒸入其中，过三时间后，再行取出，注以热汤，于是更换釜中之水，至三四次为止。其蒸茧所费之时间，前后八时。内外所得之茧，俟冷却后即送于扒茧室，放置板上，剥去外皮口丝，即成屑丝，通常称为大挽手。其皮之取法与缫丝之难易，及丝量之多少，均有密切关系，为工程上要注意之点。已除去外皮之茧，以百十五个装盆分配于制丝职工，受取之际，交换木笺一根，以便查明一人一日之缫丝量。

缫丝。职工所制之丝普通属八粒丝，然因茧之品质，丝之用途，有由四个至三十二个装一条丝者，其职工之制丝能力大概一人一日之缫丝量约八盆，内外即九百二十个由一盆所制之丝，称为一緫，以四緫为一卷，送于烘丝室。

烘丝。烘丝室之构造与烘茧室同，将丝堆积室内，加热干燥。焚火后约一时间即开户，除去室内之暖气，放置约一时间，则烘丝之业即毕事矣。普通各工场昼夜烘丝二回，若夜间作业时焚火后约一时间即开户。至翌朝，始行搬出，其干燥毕事之丝，再送于捻造室。

柞蚕丝之种类，柞蚕丝之种类区分如左：

春蚕丝，由春茧制成者。

秋蚕丝，由秋茧制成者。

春控子丝，由春蚕出壳茧制成者。

秋控子丝，由秋蚕出壳蚕制成者。

总之，由春茧制成之丝，色淡而富于光泽，质亦良好，惟产额极少。由春蚕出壳茧制成之丝，除光泽可人外，其劣点之处在丝条，不同类节颇多。秋蚕丝论光泽虽不及春蚕丝，而质极强韧，颇适于用，产额亦多。此外，丝之名目有大筐丝、小筐丝之别。小筐丝者，筐之周围为五尺八寸，通常为十粒至二十五粒，丝品位为六十至七十典尼尔。

掖县

《县志》 掖县滨山海，其地隘狭瘠卤。即禾麻蚕绩，夭乔之产，不逮他方。

—————— // ——————

民国重刊万历《莱州府志》卷三《风俗》

掖县，男通鱼盐之利，女有织纺之业。士淳朴而好经术，矜功名。《元志》

光绪《掖县全志·掖县志》卷一《物产》

掖滨山海，其地隘狭，瘠卤物寡，人众仰给邻封。即禾麻蚕绩，夭乔之产，犹或不逮他方。

乾隆《莱州府志》卷九《宦迹》

任经，陕西商州人。弘治时，通判莱州。性刚正，居官以廉介自守。每遇春，躬诣田野，教民树艺，九年无倦。秩满去，民遮道请留。

平度州

《州志》 宋，蔡绾，洛阳人。为胶水令。春秋循行阡陌，劝课农桑。有古良吏风。

—————— // ——————

民国重刊万历《莱州府志》卷五《宦迹》

（宋）蔡绾，洛阳人。为胶水令。专尚德化，不事刑威。春秋巡行阡陌，劝课农桑，有古良吏风，民爱之不忍去，遂家焉。齐其曾孙也。

道光《平度州志》卷十《志三·风俗》

署知州邹崇孟，劝诫四民箴四则：既饬尔体，无问寒暑。亦赡尔家，以介稷黍。维兹胶东，俗敦古处。共服先畴，恪遵官府。输将是亟，力役无沮。昼作夜息，锄云犁雨。春稼秋原，主伯亚旅。食税衣租，农桑具举。露积峙刍，囷仓满贮。蓄菜沤麻，冬皆可御。男力耕耘，妇勤机杼。乐矣丰年，登三咸五。《农箴》

民国《平度县续志》卷二《物产》

蚕，自光绪季年，知州曹倜*设农桑学堂。邑绅许崇棫、崔锡禄等提倡，购南种栽湖桑，邑人间知其利。出丝亦洁白，惜未能扩充。今经乱，亦销歇矣。

潍县

《县志》　民务农桑，有富庶之风。

民国《山东各县乡土调查录》

潍县：蚕桑，养蚕之家所缫之丝，均系自用。现在蚕桑试验场内新栽湖桑一千二百六十五株，每年产桑叶二千五百余斤，四乡共植桑七千余株，每年产桑叶约在一万余斤。

乾隆《潍县志》卷一《土产》

至若禾麻蚕绩，断苴食瓜，或犹逊他邑。木。桑、柘。虫。蚕。货。丝、绢、桑皮纸。

乾隆《潍县志》卷一《风俗》

《府志》曰：民务农桑，有富庶之风。士勤诗书，多科贡之材。

---

* 曹倜，光绪三十一年（1905）二月任知州。

民国《潍县志稿》卷二十五《实业·物产表》

桑，桑科，饲蚕，药材，木材，园艺作物，桑叶为家蚕之主要食品。惟花多单性，易生变种，故种桑者均用接桑法。其实生者，叶小而肉薄，不堪作饲蚕之用。现在提倡养蚕各乡栽桑者颇多，惟本县无规模较大之桑园，能出产桑苗者颇少，栽植多高刈，所谓齐鲁多行桑也。又《本草》桑白皮，桑椹可清肺，桑枝能舒劲活络，霜桑叶亦可做药材，皮可制纸，为用极广。樗，黄连科，饲蚕，木材，园艺作物。枝干及叶酷似香椿，而味微臭，叶可饲蚕。其蚕潍地俗呼为樗蚕，体大色黄，作茧大如铃绳，出之丝微黄色，可织紬绢，运销欧美，获利甚巨。惜不能极力提倡，产量不多耳。又樗，白皮可入药，能活血。

蚕，昆虫类，鳞翅目，卵生，制丝。为蚕蛾幼虫，乃修身三变态之动物，色泽不一,十三环节。春夏、秋蚕各种，本县多饲春蚕，间有饲夏蚕者。春蚕于谷雨前后，催青视桑叶燕口为度，蜕皮四次，俗呼曰眠。四眠即上山，上山数日，即收茧。夏蚕潍俗呼之曰熟蚕。因饲育时期正值熟时也。惟当仲夏时节，苍蝇过多，蚕室设备不佳，收茧不丰。茧成后，即可缫丝，本县无丝厂，茧多外售，且无烘茧灶，饲蚕者多售鲜茧，故获利极微。近年来，因收茧者之需要，多饲吾国改良蚕种，不特蚕病少饲育良，且丝缕长类节少，颇为制丝家之欢迎。

宣统《山东通志》卷百三十六《艺文志十·农家》

《养蚕成法》一册，韩梦周撰。梦周有《易解》，见经部易类。是书见《榆园杂录》。王克掞《梦周墓志》云：任来安县，地僻而多山，命人种槲，觅兖沂工人，教养山蚕，民利倍兴。又《理堂文集·劝谕养蚕文》略云：本县做得《养蚕成法》一本，散给尔等学习，其中养蚕、织紬、栽树之法，无一不备。

道光《来安县志》卷十二《名宦志》

韩梦周，字公复，号理堂，山东潍县人，乾隆丁丑进士。三十一年任。未下车，访衙蠹及无赖子，籍记姓名。遇事尽法，惩治狱讼，为之一清。在任五年，实惠及民，民爱乐之。乾隆三十三年旱饥，其状报灾，月余间，累十启，得请后，悉心经理，穷黎略无菜色。尝周历四乡，谓邑境北绕群山，南多圩田，劝民依山种簸箩树，并募沂兖工人，教之蚕织。又议开浦口黑水河，俾邑南诸水直达大江，圩田不受雨潦灾其地里，丈尺工程，著有图记，其教士也，勉以向道，而切戒以妄妇求利达之。行政稍暇，引小民讲乡约，如家人父子，语凡及家庭孝友伦纪之故，感慨流涕，听者亦多流涕。三十年庚寅恩科，梦周入围分校，久唧事付摄任者。忽淮南北诸郡蝗大起，公巡道某按勘至县北境，问来安令为谁，或仍以梦周对，遂以捕蝗不力，罢之。去官之日，士民送者两泣煢独者号于野，香烟百里不绝也。梦周学宗濂洛，罢官后授徒淮阳间，晚居潍之程符山旧读书处，远近之士，往从之，称理堂先生。嘉庆三年终于家，著有《易春秋大学中庸注解》、《诗古文制义》，各多十卷行世。现详请祀名宦附请详韩县崇祀名宦公呈，戴宗矩撰文。

《理堂文集·理堂外集》，韩梦周，道光三年刊，静恒书屋藏

劝谕养蚕文

来安地土荒瘠，俗拙经营，百姓最是贫苦。阖邑算来不过两万余户，两万户中有田种的，不过数千家，其馀都是佃种别人田地。男女老幼，无论风雨寒暑，终岁在田耕作。及至收成时，所分麦稻等粮，不过数担而止，多者亦不过一二十担而止。凡一年饮食衣服及一切公事，都在此中取用。遇年岁丰登尚可支持，一遇凶歉，父母妻子不免流离，言之真令人感伤。本县到任以来，即时刻为尔等百姓算计，所以去岁，示谕尔等挑塘挑坝，极力催督。这不是好教尔等劳苦，正是要尔等旱涝有备，可以年年丰收，室家团聚，便是尔等无限之福。近又思得来邑多山，山中多簸箩树，可以养蚕。此蚕所织之紬，名为山紬。每蚕一亩，可以得五六十金、七八十金不等。山东省处处养蚕，俗语一亩蚕十亩田，可知实是大利。尔等百姓不知将簸箩树养蚕，都斫伐来做柴薪，甚属可惜。前已示谕尔等，不要斫伐。今本县又作得《养蚕成法》一本，散给尔等学习。其中养蚕、织紬、栽树之法，无一不备。尔等有簸箩树、椿树的，便学养蚕，无树的先学种树。本县一面差人往山东去请蚕师来教你们。期之五六年后，遍山皆树、满树皆蚕。昔为荒废无用之地，今日都成产金之场，岂不是地方上第一件好事。尔等万勿视为烦难，便不肯勇往做去。大凡劳苦的事，起初最难，都不愿意去做，及至后来获利，晓得于自己有益，自然不肯歇手了。况且养蚕一事，原不比种田的劳苦，尔等何惮不为？本县是你们的父母，你们是本县的儿女，时常要使你们有吃有穿，若舍现成的利，不替你们设计生法，便不算做父母了。你们仔细思量，依着本县的话做去，不要怕辛苦，便是本县的好儿女，不然好吃懒做，不肯营生，到得冻饿时，都是自己受罪，懊悔已是晚了，千万勿违，勉之勉之。乾隆三十二年六月某日。

光绪《潍县乡土志·学问》

韩梦周，字公复，号理堂。幼孤力学，揭“毋不敬，思无邪”二语于座右，造次必于是。乾隆丁丑进士，令来安。为政不负所学，历乡村与民言孝弟事，每有泣下者。立江青书院，恤孤院，会岁饥，当赈状十数上，卒得请并及邻近县。来安产椿、槲，民故以为薪，先生知其宜蚕，手订《育蚕种树法》示之人，募兖沂之善蚕者教之。来安享蚕织之利，自先生始。尝欲开黑水河以利圩田，丈尺工程，已具事成利百世。会分校，乡闱与捕蝗不力者同，罢官议寝。去官之日，无资作归计，民之送者咸号泣，或馈赆金，概谢不受。因授徒江淮间，学者翕然成风。后归讲学程符山，言行悉本程朱，江南北学者皆宗师之。所著诗文日记曰《理堂全集》。在来安祀名宦，在潍祀乡贤祠，入《国史·儒林传》。

乾隆《廉州府志》卷九《农桑》，梅苍书屋，卯部；道光《廉州府志》卷十一《经政二·农桑》

春山蚕十六则

《养山蚕成法》乃乾隆九年山东奉部文咨行各省，令相度土宜酌量办理者。偶于旧牍中捡得，恐日久湮失，并录之。俾养蚕之家以此互相参证，以广利源。

收种。即用秋茧作种。秋间分茧时择种，贮以箪箔，置屋内，或垫起，或挂起一举手高，勿使风燥。岭南风不燥，亦避凄风，避烟气。

温种。冬节数九，至八九将尽时，将茧种穿成大串。穿时勿伤蛹子。尹竦切音涌蚕化为蛹，蛹化为蚕。用杆挂暖屋内，令茧就温。数九尽，则陆续蛾出，切防雀鼠虫蚁。原本挂暖屋内，常置火屋中。指北地言，岭南地暖，故删去。

拾蛾。每日申酉戌三时出蛾，出毕将蛾拾入有盖筐内。雄蛾小而尾尖，雌蛾大而腹壮。雌雄分置一筐，悬挂屋内，勿为烟气所及，以致雌雄不交。

配蛾。每晓将蚕蛾雌雄各半，纳之筐中，自能匹配。筐盖不可轻揭，恐惊蛾拆开。次早开视，如有不配者，将雌雄合并，以津唾之，即配。如雄蛾不足，晨起将雌蛾筐悬屋外，去其盖，即有雄蛾觅配，谓之风蛾。蛾翅有形如镜，名隔山照。附近有养蚕之家，方有雄蛾觅配也。

摘对。配蛾之次日申刻，将雄蛾摘去，用两指轻捻雌蛾腹出溺，谓之把蛾。俟溺尽，仍置筐内，悬挂屋中，听其出子。筐内须用纸糊，以免子漏。筐须时时转动，恐蛾俱集向明一面，以致下子不匀。筐内子满，暂挂清凉屋内。若树芽未发，恐在暖处出蚕太早。岭南树木发芽甚早，则无虑此。

暖子。近谷雨时簸箩渐次发芽岭南气候较早一节，将子筐移入暖室中粤中不宜太暖，六七日出蚕如蚁，所谓蚕蚁，是也。

出蚕。每日寅、卯、辰时出蚕，其筐下先须铺席，有蚕蚁落地，仍拾入筐内。

斫芽。春蚕出时，簸箩尚未发叶，其向阳处先抽嫩芽，连枝斫取，高约三尺许。

插墩。活水河边无土沙滩，有水不见水处，掘沟宽二寸许，深亦如之。将芽枝密插沟内，旋插旋掩，勿使露水。枝宜深插，使之易活，盖芽枝忌土，故用沙滩，蚕蚁畏水，故须掩盖。

坐墩。每晨日出后将蚁筐去盖，纳入墩中，筐下用石垫起以就芽枝。枝外用绳虚束，使枝头下垂，与筐相近，筐内另竖芽枝数茎，与外枝相接，蚕蚁自缘行墩上。

立幛。滩内沙中掘沟宽尺余，深见水而止。长无一定，密插芽枝，以备移蚕之用。幛即墩也，止有大小多寡之别，蚕渐长，用叶亦渐多，故需立幛。

上幛。蚕出七日则一眠，须于未眠之先将墩上枝头之蚕带叶剪取，移至幛上，此幛叶尽再移彼幛，上山为止。

进场。山中植簸箩处俗名蚕场，立夏后树叶长成，不拘二、三眠起后，将幛上蚕连叶剪取，移置树中。每树置蚕之多寡以树之大小为准。蝶蚕养于家内，又省许多繁难。

守场。一切鸟兽虫蚁俱能伤蚕，故蚕工巡视守护窝铺，住宿饮食坐卧时刻勿离。

移蚕。春蚕四眠，一眠一起，一起一移。移欲勤，叶欲嫩，蚕小连叶剪取，大蚕竟可手摘。头身俱肿不食曰眠。蜕衣日起，如有叶多蚕少、蚕多叶少之处，均之使匀，秋蚕如之。蝶蚕眠起挪移情形大概相同。

摘蚕。蚕出四十余日成茧，在树带叶摘下，仍去叶。其系于叶处谓之蒂，去之恐伤茧丝；包于茧外谓之衫，留之织绸，始有花纹，故蒂衫俱不可伤损。此当与蝶茧酌行之。

秋山蚕九则。按山东之山茧，秋丝胜似春丝，蝶茧则春丝胜似秋丝，地道不同，故也。

收茧。春茧既成，即择秋种。用箔薄摊，悬挂清凉屋内，勿使伤热。盖春寒故种宜暖，秋热故种宜凉。炎岭尤宜清凉。

选种。茧有雌雄，雄茧小而尖，雌茧大而平。雌宜多备，亦勿过偏。茧务择其响而重者，若油茧、烘茧则内蛹不活。其茧出黑水有臭气者不可作种。

穿种。小暑后用针引细蔴线从种茧小头，一如春种，穿成大串，挂于风凉屋内，或凉棚下，高不过举手使于拾蛾，下不使及地，防犬猫扳噬。宜透风，不宜见日。拾蛾、配蛾与春蚕同，惟秋蛾宜悬屋外，勿使日晒，并勿轻动惊蛾。

拴蛾。先于簸箩中拣枝叶稠密，下无虫蚁之树，将根下柴草芟尽，申刻将雌蛾把溺，用五寸许细蔴拴其大翅根下，一绳可拴二蛾，骑中缠于树枝，蛾即下子于枝上。其拴蛾之多寡量树之大小为准。

选场。场有蚁场、茧场之分，蚁场地宜凹音坳，土洼也。下相宜低小，以蚕小不耐干燥故，取其叶嫩且便于巡视。茧场则宜向阳，盖蚕至大眠后天气渐寒，非暖不能成茧。粤中七月正热，又不宜大暖。其场内荆棘草株悉宜芟除。

浇子。亢旱天炎恐致伤蚕，宜汲水时灌树下，并洒水叶上。

开蚁。子下十一日出蚕，蚕出三日，连枝剪下，送入蚁场。

匀蚕。如春蚕法，移蚕亦然，但不必一起一移，惟以叶尽为度。

打铺。晚蚕多懒，且天气渐寒指北方言，蚕堕地不能复上，宜于枝柯间缚置草铺，蚕坠草间自能复上，又草中亦可成茧。

山蚕避忌五则

避高场。山高多雾，蚕食雾则生疾，岭南瘴雾尤忌，并不独避高场也。且风厉早寒，致使眠起大迟。蚕有生斑破腹二疾，听其自然。

避蚁穴。蚁穴中簸箩最肥。但蚁能咬蚕使坠，且蚁行上下，使蚕终日摇首，食叶不安。

避焦叶。有一种簸箩叶黄薄而少汁浆，似干焦，蚕愈食愈瘦。

忌移眠蚕。墩上初次移蚕在未眠之先，此外移蚕须在既起之后。蚕将眠，必吐丝于足下，紧贴枝上，不可即动。俟起后有力，方可移取。

忌人。忌孝服、产妇、疮疥污秽人。

子筐。荆条为之，平底陡沿，平盖形圆，高尺许，阔倍之。纸糊底免漏子。秋则勿糊恐闭风无荆筐用竹筐亦可。

椿蚕五则，亦分春秋

润茧。谷雨后将茧种用温水润过，或二三十枚或四五十枚，线穿成串，挂置壁间，小满蛾出。

拾蛾。雄蛾听其飞去，将雌蛾用捻麻或左或右，系其大小两翅，挂椿树上，雄蛾自来寻对。

出蚕。成对一日即下子，八日以外即出小蚕。树叶食尽，另移一树，其防护等法一如山蚕，如此一月成茧。

秋种。春蚕既成，选种亦如山蚕法，悬挂屋内，不必水润。七月初旬出蛾，喂养收成如前。

椒茧。椿蚕一眠起后移置花椒树上，养成茧子，即名椒茧，此茧最佳极贵。

茧绸始末三则

练茧。用柴灰取浓汁，注半锅，烧滚，纳茧满筐，担置锅上。先以滚汁浇之，俟茧透叠实，覆以簸箩叶，用石压沉锅底。少顷蛹香，其茧乃熟。将茧倾于席上，以手出蛹。蛹可食，出蛹时勿倒取，茧蒂下原有一孔可出。即将茧壳十枚一套以茧丝束住，用温水洗濯，以手捻之，水清为度。晒干收贮。灰水不可去净，净则绵色太白。

捻线。线贵细匀，将套茧置茧叉上茧叉截木为之，如笔管而稍锐其末，捻法不一，或用轴，或用车，各随方宜，棉车亦可。为之络线做穗，与桑蚕同。再茧分春秋，线有粗细，织绸用春线作经，用秋线作纬更佳。

晾绸。织毕下机，择平坦洁净处舒展晒晾，下衬以草，上压以石，须见日光，否则绸色不亮。

蚕茧种类

山茧黄白色，大者如鸭卵，其蛾米色，生子大如高粱米，其色微赤，形扁，初成蚕黑色，渐变青色，约三寸许，大如指。

椿蚕茧灰色，大如枣，其蛾黑花，子白色。蚕初出黑色，至二眠后色黄白，三眠后色白，身有肉翅，状如海参，尾底有歧长二寸许。

簸箩种类大叶槲树名大簸箩，小叶槲树名小簸箩，红柞、白柞亦名尖叶簸箩；青杠亦名青杠簸箩，按槲叶称簸箩，齐鲁之方言也。今岭南山中处处有之。

大小簸箩，叶多棱洼，结子上圆下尖，状如莲子，外壳内仁名曰橡子研粉可食。子下有托如栗房之半而小染皂用，名橡椀子。

青杠叶类：槲叶而小，结子与槲树同，名亦同。

红柞、白柞：就树皮颜色分别，叶皆青色，似柳叶而较宽，经霜不落，结子与青杠树同而较大，名亦同。柞与杠皆槲树，特树皮颜色、叶之大小微有不同。椿树即臭椿，廉州人谓之假椿树：嫩芽酱红色，成叶后青色，似香椿而微臭。子结瓣中，如目之有珠，名凤凰眼草。*

簸箩品格：尖叶簸箩最能使蚕早眠早起，茧大而厚，且叶尽。易发，春秋相继，但蚕食之易病，不如大簸箩气味平和，故养蚕者，以大小簸箩为主，青杠较二者稍下，特取其萌芽早发，墩幛多赖之。粤中菠萝叶发芽甚早，青杠似可不用。

种植宜山场：种簸箩，秋九月刨坑，入橡子四五粒，以土掩之，春后发芽，防火烧及牛羊践食，六七年成林。

种椿树，交春锄地，将椿子去瓣，分行，散入地内。俟出土四五寸，分移排列，高二尺许，遂掐去稍尖，使交桠四出，长不过四五尺，随时掐之，勿令过高。两年成林。

道光《来安县志》卷五《食货志下·物产·养山蚕法附》

附养蚕成法乾隆三十二年知县韩刊给

---

* 韩理堂辑，盱眙王效成约甫录《养蚕成法》本，内容到此为止（收于罗振玉编《农学丛书》第1集第17册）。清光绪间（1898年5月至1906年1月）江南农学会石印本，道光《来安县志》也截至此处。华德公《柞蚕三书》参照北京文奎斋本、农学丛书本、《东省养蚕成法一卷，附录一卷》、花近楼丛书、国家图书馆稿本。

来安地土荒瘠，俗拙经营，百姓最是贫苦。阖邑算来，不过两万余户。两万户中，有田种的，不过数千家，其余都是佃种别人田地。男女老幼，无论风雨寒暑，终岁在田耕作。及至收成时，所分麦稻等粮，不过数担而止，多者亦不过一二十担而止。凡一年饮食衣服及一切公事，都在此中取用。遇年岁丰登，尚可支持，一遇凶歉，父母妻子不免流离，言之令人感伤。本县到任以来，即时刻为尔等百姓算计，所以去岁示谕尔等，挑塘挑坝，极力催督。这不是好教尔等劳苦，正是要尔等旱涝有备，可以年年丰收，室家团聚，便是尔等无限之福。近又思得来邑多山，山中多簸箩树，可以养蚕。此蚕所织之紬，名为山紬。每蚕一亩，可以得五六十金、七八十金不等。山东省处处养蚕，俗语：一亩蚕，十亩田。可知实是大利。尔等百姓不知将簸箩树养蚕，都斫伐来做柴薪，甚属可惜。前已示谕尔等，不要斫伐。今本县又做得《养蚕成法》一本，散给尔等学习。其中养蚕织紬栽树之法，无一不备。尔等有簸箩树、椿树的，便学养蚕，无树的，先学种树。本县一面差人往山东去请蚕师来教你们。期之五六年后，遍山皆树、满树皆蚕。昔为荒废无用之地，今日都成产金之场，岂不是地方上第一件好事？尔等万勿视之苦难，便不肯勇往做去。大凡劳苦的事，起初最难，都不愿意去做，及至后来获利，晓得于自己有益，自然不肯歇手了。况且养蚕一事，原不比种田的劳苦，尔等何惮不为？本县是你们的父母，你们是本县的儿女，时常要使你们有吃有穿，若舍现成的利，不替你们设计生法，便不算做父母了。你们仔细思量，依着本县的话做去，不要怕辛苦，便是本县的好儿女。不然好吃懒做，不肯营生，到得冻饿时，都是自己受罪，懊悔已是晚了。千万勿违，勉之勉之。

春季养山蚕法茧丝分两、织紬花色，俱不如秋蚕。春秋二季，喂养法亦不同。

收种。茧有雌雄，雄茧小而尖；雌茧大而平。将秋茧拣出，摊放在箪箔上，挂屋内一举手高，不要被风燥着，以作春蚕种子。雌茧多备些，亦不可过多。

温种。冬月八九将尽时，把茧种穿成大串，穿时不要伤着蛹子，用竿子挂在暖屋里，屋里常要有火，茧种自然发暖。九九尽，便陆续出蛾。切要防备雀鼠虫蛾。

拾蛾。每日申、酉、戌三时出蛾。出完时，将蛾拾在有盖的筐子里。

雄蛾小，尾尖，雌蛾大，腹粗。雄蛾盛在一筐，雌蛾盛在一筐，悬挂屋里，不要被烟熏着，烟熏着，雌雄便不相交了。

配蛾。每日晚上，将蚕蛾雌雄各一半，纳入筐中，自然相交。筐盖不可轻揭，轻揭，蛾便拆开不交了。次早开筐看视，如有不交的，将雌雄合在一处，以津唾之，自然成对。如雄蛾少、雌蛾多，清早将雌蛾筐揭了盖，悬挂屋外，即有雄蛾飞来觅配，名为风蛾，蛾翅有镜，名为隔山照。

摘对。配蛾第二日申时，把雄蛾摘去，使两指轻捻雌蛾腹，出溺，名为把蛾。溺完后仍放筐里，悬挂屋中，自然下子。筐内要使纸糊，防备蛾子漏下。又要时时把筐动转，怕蛾聚在向明处，以致下子不匀。子既下完，暂且挂在清凉屋里，因此时树芽未发，如在暖处，怕出蚕太早，无叶喂蚕。

暖子。将近谷雨时节，簸箩叶渐次发芽，将蚕子筐挪入暖屋里，六七日便出蚕如蚁，名为蚕蚁。

出蚕。每日寅、卯、辰三时出蚕子，筐下先要铺席，如有蚕蚁落地，仍取入筐内。

插墩。春蚕出时，簸箩尚未出叶，其向阳处先生嫩芽，连枝斫取，约高三尺许。近河边无土沙滩，沙内有水沙上不见水处，掘沟宽二寸许，深亦二寸许，把芽枝密插沟内，名为插墩，务要随插随即将沙掩埋，不可露水。芽枝宜深插浅提，使其易活。盖芽枝畏土，故宜用河滩；蚕蚁畏水，故须将水掩盖。

坐墩。沙滩所插簸箩，枝下安放石头数块，将蚕蚁筐放在石头上，别斫芽枝竖在筐里，使与沙沟上所插芽枝相接连，蚕蚁自然沿行而上，名为坐墩。

立幛。滩内沙中掘沟宽尺余，深见水，不拘长短，密插芽枝，名为立幛。预备移蚕。

上幛。蚕出七日便一眠。要于未眠以前，将墩上枝头的蚕，连叶剪下，挪于幛上。如此幛之叶食尽，再移到别幛上，以上山之日为止。

进场。山上栽簸箩树处，名为蚕场。立夏以后，树叶长成，不拘二三眠起后，将幛上蚕连枝剪取，挪放树上。看树之大小，为放蚕多寡。

守场。一切鸟兽、蚁蟆、坐蚁，皆能伤蚕。故蚕工巡逻看守，窝铺住宿，饮食坐卧，时刻勿离。

挪蚕。凡蚕头身都肿，不食叶，名为眠；退皮消肿食叶，名为起。春蚕四眠，一眠一起，一起一挪。挪要勤，叶要嫩。蚕小时连叶剪取，蚕大便可手摘。如有叶多蚕少、蚕多叶少之处，务均分使匀。秋蚕亦照此法。

摘茧。蚕出四十余日，便成茧。在树连叶摘下，仍要去叶。其系于叶处，名为蒂。若去蒂，恐伤茧。丝包于茧外，名为衫。必留衫，织细始有花纹。所以蒂衫都不可伤损。

秋季养山蚕法秋茧胜于春茧，故东省多秋蚕。

选种。春茧既成，即择秋种。务择响而重者，雌雄具备，与选春种同法。摊置簿上，悬挂清凉屋内，不可伤热。春天寒，所以种要温；秋天热，所以种要凉。有一种油茧、烘茧，其蛹不活，茧出黑水，有臭气，不可为种簿音箔。

穿种。小暑后，用针引细滑麻线，从种茧小头穿成大串。挂在风凉屋内或凉棚下，高不过举手便于摘蛾，矮不可及地防犬猫攀吃。要透风，不要见日。拾蛾配蛾，与春蚕法同。但秋蛾应挂屋外，不可使日晒，也不可轻动惊蛾。

拴蛾。于簸箩中，拣枝叶稠密根下无虫蚁之树，将地上柴草除净。申刻时，将雌蛾把溺。用五寸许细麻，拴其大翅，一绳可拴两蛾，分中缠搭树枝，蛾即下子枝上。其拴蛾多寡，亦看树之大小，叶之稀密。

选场。场有蚁场、茧场之分。蚁场地喜凹下，树喜低小，因蚕小不耐干燥，取其叶嫩，且便于巡视。茧场喜高阳，因蚕至大眠后，天气渐寒，非暖不能成茧。至于场内荆棘草科，都要除净。

浇子。天气亢旱，恐炎热伤蚕，宜时时汲水浇灌树下，并洒叶上。

开蚁。下子十一日出蚕。蚕出三日，连枝剪下，送入蚁场，名为开蚁。

匀蚕。将蚕多叶少、叶多蚕少之处，配合均匀。但不必一起一移，惟以叶尽为度。

打铺。晚蚕多懒，兼天气渐寒，蚕堕地，便不能复上。要于枝棵间，缚草作铺，蚕堕草铺，自能复上。又草上亦可作茧。

山蚕避忌

避高场。山高多雾，蚕食雾，多生疾。又兼风劲，早寒，致使眠起太迟。蚕有生斑、破腹二疾，听其自然可也。

避蚁穴。蚁穴中长出簸箩最肥，但蚁能咬蚕使堕，又兼蚁缘叶游，使蚕终日摇头，食叶不安。

避焦叶。有一种簸箩叶，黄而且薄，少汁浆，似干焦，蚕越食越瘦。

忌移眠蚕。墩上初次移蚕，在未眠以先。此外移蚕，要在既起以后。蚕将眠，必吐丝于脚下，紧粘枝上，不可即动。既起后有力，方可挪移。

忌孝妇产妇。入场，蚕必变。

忌蚕工不和。蚕工须择老成安静之人为首，群工听其指使。如各任意见，不相和好，蚕即不收。

养椿蚕法亦分春秋二季，紬更好，利更大。

润茧。谷雨后，将茧种用温水润过，或二三十枚，或四五十枚，用线穿成串，挂壁间。小满时蛾即出。

拴蛾。雄蛾听其飞去。将雌蛾用捻麻或系其左翅，或系其右翅，挂椿树上，雄蛾自来寻对。

出蚕。成对一日，蛾即下子树上。八日以后，即出小蚕。树叶食尽，另挪一树。其防护之法，亦如山蚕。一月即成茧。

秋种。春茧既成，便拣秋种，其法如山茧。悬挂屋内，不用水润。七月初旬，即出蛾下子，喂养收成，亦如春蚕。

附椒茧。椿蚕一眠起后，移置花椒树上作茧，名为椒茧。此茧最佳，极贵。

茧紬始末

炼茧。用柴灰取浓汁注半锅，烧滚。将茧满盛筐中，用木系筐，横担锅上，先以滚汁浇之。俟茧浇透，叠落实在。然后覆以簸箩叶，用石压沉锅底。食顷，蛹香，其茧即熟。将茧倾于席上，以手出蛹。蛹可食。出蛹时勿倒取，茧蒂下原有一孔可出。即将茧壳十枚一套，以茧丝束住，温水洗濯，以手捻之，水清为度。晒干收贮。灰水不可去净，净则紬色太白。

炼茧火候。炼茧要看火候，火候未到便取出，则茧生硬，捻线时，抽丝不利；火候过多，则茧必太烂，不但捻线容易断头，织紬亦不结实。缘炼茧非用灰汁不能成熟，如所用灰汁太好，即日久细淋的老灰汁，茧易熟易烂，故必要看火候。闻得锅内蛹香，便不时将茧抓出二三枚来，抽丝试之，不硬不烂，方为如法。

捻线。线要细匀。将茧套茧叉上，茧叉用小木为之，比笔管稍短，头上稍尖。捻法不一，或用手抽，或用轴，或用车，各随方便。棉车亦可为之，络线做穗，与桑蚕同。再春茧丝细，秋茧丝粗，织䌷用春丝作经、秋丝作纬更佳。

晾䌷。织完䌷下机后，捡平坦洁净地场，舒展晒晾。下用草衬，上用石压，使见日光。不然，䌷色不亮。

蚕茧种类。山蚕茧黄白色，大者如鸭卵。其蛾米色，下子大如高粱米，其色稍赤，形扁。初成蚕黑色，渐变青色，约长三寸许，大如指。椿茧灰色，大如枣，其蛾黑花，子色白。蚕初出黑色；至二眠后，色黄白；三眠后色白。身有肉翅，状如海参，尾底有两叉，长二寸许。

养蚕器具

小斧。刃薄无顶，取其轻利，便于斫芽。

剪刀。形如衣剪，头齐而大。用以剪枝挪蚕。

鸟枪。场内伤蚕之物，如蜂、蚁、蛀、鼠等类，可以手捉。若鸟兽之属，非响枪则不知避。至于防狼虎，警盗贼，更不可少。

子筐。以竹为之，平底、陡沿，上有平盖，形圆，高尺许，圆围二尺许。纸糊底，免漏子。秋则勿糊，秋止用盛蛾，糊则恐闭风。

麻线。用好麻两批，捻合为一，长丈许，细如线，滑如弦，以之穿种，省涩滞。

凉篷。下用四柱，上担横木，覆以有叶柴枝。篷要大些为妙。

窝铺。守场人住宿。搭盖不拘大小，以人数多少为率。更要多盖数处，散布场中，分人看守。

人工。山蚕，一人春日可养五六百种；秋日可养一千余种。椿蚕，一人春秋都可养千余种。

附　种簸箩、椿树法

种簸箩树，宜在山场。秋九月刨坑，入橡子四五粒，以土掩之，春后发芽，防火烧及牛羊践食，五六年成林。又一法：五、六九间，斫簸箩条子埋土中，自然发生，成林更速。

种椿树。春时将地锄松，将椿树子去瓣，分行散入地内。初出时分移排列，高二尺许，掐去树头，使枝桠四出，止要长四五尺，勿令过高。两年成林。

籔箩种类大叶槲树名大籔箩；小叶槲树名小籔箩；红柞、白柞亦名尖叶籔箩；青杠亦名青杠籔箩。

大小籔箩。叶多稜洼，结子上圆下尖，状如莲子，外壳内仁，名为橡子研粉可食。子下有托，名为橡椀子，可染皂。

青杠。叶类槲叶而小，结子与槲树同，名亦同。

红柞、白柞。就树皮颜色分别，叶皆青色，似柳叶而稍宽，经霜不落。结子与青杠树同，较大，名亦同。

尖叶籔箩。最发蚕，早眠早起，茧大而厚。且叶尽易发，春秋相继。但蚕食之易病，不如大籔箩气味平和。故养蚕者，以大小籔箩为主，青杠较二者稍下，特取其萌芽早发，墩幢多赖之。

椿树，即臭树。嫩芽时红色，成叶后青色，似香椿而微臭。子结瓣中，如目之有珠，名为凤眼草。

昌邑县

《县志》　农事耕获，女勤纺绩。

乾隆《昌邑县志》卷二《风俗》

昌俗尚质朴，敦本抑末。邻保相周恤，吏民鲜告讦。士类崇行谊，遵礼法，无把持请托之习。农事耕获，女勤纺绩。但濒海财乏，业商者少。《郡志》

乾隆《昌邑县志》卷二《物产》

木类。椿、桑、柘、檞、柞。虫类。蚕。货类。丝、绢、檞蚕紬。

民国《山东省志》第四卷第四章《胶东道·诸城县·实业》

其次为山茧，昌邑县之茧绸，行销颇远，号昌邑绸。其原料皆取之本县，县南境多山，遍植橉椤树，盛产蚕。

胶州

《州志》 唐，苏颋《胶川》诗云：落晖隐桑柘，秋原被花实。* 明，杜筠昌，天顺间，任州同知，劝课农桑，祀名宦。

道光《胶州志》卷二十二《列传二·官师》

杜筠昌，籍失考。洪武间，为州同知。崇学校，课农桑。尝与知州张恭同修学宫见《旧志·学校志》。祀名宦祠。

道光《胶州志》卷十四《志三·物产》

柞性坚韧，中炭材　桑叶可饲，桑实曰：葚，皮可绩为纸。柘即檿桑，《蚕书》柘叶饲蚕，为丝中琴瑟弦，清响胜凡丝。

光绪《胶州直隶州乡土志》卷六《物产实业附》

南乡一带，山蚕作茧为绌，皆为实业之一端。

道光《胶州志》卷二十七《列传七·人物》

王嶲，字秩千，乾隆二年进士。改庶吉士散馆，外除四川大足知县。邑多柞树，而不知可为茧，嶲教以饲蚕，织作以兴。

《九畹古文》卷二，刘绍攽，刘传经堂藏，丙部，乾隆八年

山蚕记

山蚕盛于兖沂之间，所食柞叶，即蜀之青杠，漫山弥谷，薪其材而委其叶。胶州王君嶲，由庶常令大邑，自家携茧，广教邑人。正月望后，穿茧如贯珠，悬密室壁间，微火熏之。俾受暖气，蛾出，盛以筐。荆上，竹次之。筐内置纸，再温以火，既生卵。二月望前，寘筐茂林，蠕蠕枝间，

---

* 苏颋《晓济胶川南入密界》："饮马胶川上，傍胶南趣密。林遥飞鸟迟，云去晴山出。落晖隐桑柘，秋原被花实。惨然游子寒，风露将冷落。"

色黑，渐青，食足而眠，四眠而成。五月取茧，为一季。是月终，蛾复出，饲如前法。惟不用火，天暖自能生化。讫中秋为二季，茧一万，得丝七斤，䌷一十五丈，黄白微赤，其本色也。初终皆须人守，防鸟啄，亲视，食叶将尽，剪所附枝，移他树。失时则饥，喜晴雨，多则烂树上，与兖沂无异。先是刘公棨，牧宁羌，亦以此教，今称刘公茧。公山东诸城人，官至四川布政使。

高密县

《县志》 元，张世昌，蒲姑人。为高密尹。兴学校，劝农桑。有去思碑。

民国《山东各县乡土调查录》

高密县：蚕桑，饲蚕者较前日多，惟养法不合。春茧约出二千斤，夏茧约出一千四百斤，全境桑树共五千株。

民国重刊万历《莱州府志》卷五《宦迹》

（元）张世昌，蒲姑人。为高密尹。兴学校，劝农桑。抑豪右，赈贫乏，狱囚得情，民赖其惠。既去，人思之，为立碑。

（明）萧昱，字用光，浙江山阴人。弘治间，以贵溪令补任高密。招流亡，为铸农器，使耕旷地。缘河修堤，浚沟，人得尽力耕垦。……以病卒于官邑，人号泣送之。

民国《高密县志》卷七《实业》

蚕业。县境无柞林山场，故柞蚕一项向无讲究。其为农民所饲养者为桑蚕、椿蚕二种，而以桑蚕为普通，然因桑林缺乏，蚕业减色。计所缫之丝不过供农民少数应用而已，与农村经济毫无关系。倘竭力提倡，因势利导，或冀有发展之一日。

民国《高密县志》卷十二《宦迹》

张世昌，字彦辉，蒲姑人。为高密尹。密有秣马官厩，递岁扰民，世昌改建瓦房为经久，规籍乡社可役之家，次第出车，以运官物，民甚便之。岁歉，盐司征常课，力请于转运使，半蠲之。去后，民为立遗爱碑。

萧昱，山阴举人，性至孝。成化二十年，任知县。招流民，为铸农器，以耕旷地。缘河修堤浚沟，田无水患。每檄问邻邑重狱，多所平反。后以病卒于官，柩归邑，人号泣送之，有及淮而后返者。祀名宦祠

乾隆《汉阴县志》卷八，嘉庆《汉阴厅志》卷九《艺文》*

教《养山蚕说》叙

古先王经理天下，物土之宜而布其利，有山泽原隰之不同。故《洪范·八政》货与食并重。所谓因民之利而利者随处可得，固非仅耕田而食，凿井而饮也。《禹贡》青州之贡，厥篚檿丝。《注》曰：檿，山桑也。迄今数千百年。东省山桑之丝织绸制衣，被及天下，为一方之货，盖其由来远矣。山桑二种，曰槲，曰柞。槲叶大，柞叶小，皆饲山蚕，山蚕者异其名于家也。家蚕茧小，山蚕茧大，家蚕屋蓄，山蚕露蓄。家蚕采叶以饲，山蚕就树以饲。家蚕岁收一次，山蚕岁收二次。家蚕工在妇人，山蚕工在男子也。一夫计收蚕十万，即成其半，亦得五万之数。百茧之丝，价值百钱。五万茧之丝，即价值五万。用力少而成功多，较家蚕岂第倍蓰哉？故东省有槲柞，即与田土同值。其山无槲柞者，且买其子种之，期于数年后可获檿丝之利也。汉阴僻处万山，到处山桑成林，较多于齐鲁。土人名其叶小者为花枥，其叶大者为槲枥，然止供柴薪之用，而不知实即东省之柞也，可以饲蚕制紬，殊为可惜。（修）于辛卯之春来守兹土，思旧藏《养山蚕说》，其法颇为详备，特抄书本分散各乡，使有山林者仿而行之。年来已收茧织紬，著有成效。兹复按其说之条，理绘为图，而付之梓，庶几远迩传流，争相鼓舞。数年后，檿丝之利之盛于东省，不又兴于西耶，是则（修）之所惓惓属望于吾民也夫。乾隆癸巳高密郝敬修撰。

养山蚕第一图说。选种，正月望后，用细麻绳穿连种茧，每一串约计二三百个，挂空屋内，封闭门窗，避风，候出蛾。凡所用筐以纸糊，其内备雌雄产子。

养山蚕第二图说。配蛾，雄蛾腹小，雌蛾腹大，雄蛾每先出收入筐

* 乾隆与嘉庆版本略有区别，综合参考。

内，上有盖扣住。俟雌蛾出，另用筐贮。查清雌若干，再将雄数入盖住，自能成对。每雌蛾一百只，用雄蛾一百一十只，防有病废。

养山蚕第三图说。产子，雌雄既配，次日过午将雄蛾摘出，留雌蛾筐内，扣住，以木架搁起，蛾自产子筐内。产毕，捡蛾弃之，每一筐约受蛾五百隻。

养山蚕第四图说。饲生，蚕子变黑，即先取花枥树上发芽小枝，草紮成把，排栽河边湿沙内，勤用水浇灌。俟蚕出，用鸡翎轻扫，于所栽花枥枝上，使蚕得食嫩叶，如叶不足用，即于旁边贴栽接济，蚕自行去。

养山蚕第五图说。治场，养蚕树不宜过高，人立地下，伸手可攀，曲其顶枝者为上。蚕未上山时，预先将树下乱草并拖地小枝一切去净，防虫蚁上树伤蚕。

养山蚕第六图说。牧放，蚕二眠后，方将排栽河边小把，连蚕拔起，丛置筐内，担负入场。小把贴槲树上，蚕自上树，每一树或放一把，或放两把，视蚕之多少，树之大小分置。

养山蚕第七图说。移枝，放后要勤看，此树之叶，将食尽，即用剪刀将小枝带蚕剪下，置筐内移放别树上。

养山蚕第八图说。防护，百物皆伤蚕，雀鸟山蜂更甚，场内如有蜂窝，清晨乘露，以火烧之，雀鸟勤放火枪，或喊叫，驱之。蚕喜洁净，妇女孝服人及佩香者，更切记入场。

养山蚕第九图说。结茧，蚕将老时，移布叶盛树上，每一树或三百，或二百，或一百五十，视树之大小，酌量分置。

养山蚕第十图说。补结，蚕成茧有先后，如叶已食尽，尚有未成茧者，再将蚕绑于别树。

养山蚕第十一图说。晴摘，蚕成茧不宜早摘，迟至五六日，天气晴明，方可摘取，太早恐有伤损。

养山蚕第十二图说。摘法，摘茧忌捻茧，恐伤种。法用大指、食指捻茧上小枝，连叶采下，再去枝叶。

养山蚕第十三图说。拣择，茧上枝叶去净，间有烂薄者，别置一处。种茧用细木条扎架于透风屋内，高二尺，不令见日色。架上铺箆帘，摊茧令匀，约二寸厚，候出秋蛾一架，可悬两层。

养山蚕第十四图说。秋放，秋蛾不用穿，茧蛾出自行帘上。俟翅稍干，如前，收入筐内，雌雄相配。次日午后，移筐场内，摘去雄蛾，用麻缏两头结扣扣，两雌蛾小翅搭树上，即产子树叶间。俟蚕出剪下，分布各树，其放养之法同前，更防螳螂草虫之类。

养山蚕第十五图说。秋贮，秋茧摘取，搁铺之法同前。收后以手梘茧，听其声沉重，湿润者留作种。用篾帘悬搁，不宜过暖，亦不宜受冻。至来春正月望后如前，穿挂出蛾。

养山蚕第十六图。灰汤，炼茧灰汤，取灶底灰入筐内，中摊一凹，注水凹中，筐用两木搁起，下以盆接水。浸至三四日，灰皆润透，再将滴下水仍注凹中，令漫滴即成灰汤。

养山蚕第十七图说。熟练，炼茧先倾灰汤入锅，用武火烧热，方以甑盛茧，或三千，或五千，以两木搁甑于锅面上，用木瓢取滚热灰汤泼遍，即并甑坐于锅内，文火漫煮，以手撕动，即热，将甑抬出，倾茧于竹帘上。

养山蚕第十八图说。整茧，茧自有松口，用手撕开倒出蚕蛹，或五十，或一百，使小竹套起于热水内，梆净灰汤，以水清为度收留，要晒干，治线要称湿。

养山蚕第十九图说。治线，治线有纺有撚，用车垂二器，车用木制，垂则竹木，皆可。车必左纺，以足转其轮垂，坐立行走，皆可，以撚线。

养山蚕第二十图说。织机，织䌷同织布，但用双杼，用扁竹根作刷。若织茧缎斗纹、双丝等项，则更须教师。

即墨县

《县志》　汉，童恢，字汉宗，琅琊姑幕人。和帝时，除不其令。耕织，种收，皆有条章，一境清静。迁丹阳太守。祀名宦。按，汉，王吉*，邑

* 王吉，字子阳，西汉时琅琊皋虞人，官至博士谏大夫。少年好学，以孝廉补授若卢县右丞，不久升任云阳县令。汉昭帝时，举贤良充任昌邑王中尉。《谏昌邑王疏》、《上宣帝政事疏》、《谏昌邑王书》收录于同治《即墨县志》卷十《艺文·文类上》。

人，《谏昌邑王疏》云：今者大王幸方舆，不半日而驰二百里，百姓颇弃耕桑。

民国《山东各县乡土调查录》

即墨县：蚕桑，民间饲养桑蚕、槲蚕两种。有桑园三处，共栽树三千九百三十八株。

民国重刊万历《莱州府志》卷三《风俗》

即墨县，士好经术，人务耕织。礼义之风，有足称者。《县志》

同治《即墨县志》卷一《风俗》

其俗重礼义，勤耕织《宋史》。士好经术，人务耕织，礼义之风有足称者《旧志》。

同治《即墨县志》卷八《名宦》

童恢，字汉宗，琅琊姑幕人。少仕州郡，为吏治法廉平，司徒杨赐闻而辟之。和帝时，除不其令，吏民有过，辄随方晓示，若吏称其职，人行善事者，赐酒肴，劝励之，耕织种牧，皆有条章，一境清静。牢狱连年无囚，比县流入归化民，尝为虎所害，设槛捕之，获二虎，咒曰：王法杀人者死，汝是杀人者，当服罪否？则号呼，一虎应声而伏，乃杀之，而释其鸣吼者。民歌颂立庙祀之。迁丹阳太守。祀名宦。

宣统《山东通志》卷一六一《历代循吏》

明，隋赟，字从礼，即墨人。洪武初，授英山主簿。擒陈友谅余孽王玉儿，送京师。擢知东安县，复有异政，除虎患。后通判袁州，屡经兵革，赟招徕流亡，课以农桑，田野垦辟。民刻石颂之。累迁广东按察使。《一统志》、《旧志》

卷十二

青州府

《府志》 《困学纪闻》*云：锦、绣、绨、纻皆兴于齐。唐，尹思贞，长安人。中宗时，青州刺史。有异政，蚕致一岁四熟。黜陟使路敬潜行其郊，叹曰：是非善政所致乎？表言之，仕至工部尚书。按，《蚕桑杂记》云：《吴都赋》** 乡贡八蚕之绵，八蚕者，八出之蚕也。春蚕一年一出，夏蚕一年再出，则夏蚕之种，先出于春，嗣复生种，又出于夏也。秋蚕五出者，春夏递出，至九月而五也。春蚕丝柔而韧，夏蚕丝急，秋蚕丝杂，柔者经，急者纬，杂者为线为弦。南方鲜饲秋蚕，盖仅见也。

宣统《山东通志》卷四十《风俗》

昔太公治齐，修道术，尊贤智，赏有功，故至今其土多好经术，矜功名，舒缓阔达而足智《汉·地理志》)。多务农桑，崇尚学业《隋志》。

咸丰《青州府志》卷三十四《名宦传》

申恬，字公休，魏郡魏人也。元嘉初，历兖、青二州刺史。……世祖践祚，迁青州刺史。齐地连岁兴兵，百姓凋敝。恬初防卫边境，劝课农桑，二三年间，遂皆优实。

尹思贞，京兆长安人。神龙初，为青州刺史，治州有绩，蚕致岁四熟。黜陟使路敬潜行其郊，叹曰：是非善政致祥乎？表言之，睿宗立召授将作大匠，封天水郡公。思贞前后为刺史十三部，其政皆以清最闻。《新唐书·本传》

---

* 《困学纪闻》是南宋著名学者王应麟所撰札记考证性质的学术专著，内容涉及到传统学术的各个方面，其中以论述经学为重点。全书包括说经，八卷，内包括《易》、《书》、《诗》、《周礼》、《仪礼》、《春秋》、《公羊》、《孝经》、《孟子》，小学、经总等；天道、地理、诸子二卷；考史六卷；评诗文三卷；杂识一卷。

** 西晋左思《吴都赋》：“国税再熟之稻，乡贡八蚕之绵。”或称“八辈蚕”，可作为研究我国南方蚕业起源的线索。

宣统《山东通志》卷七十三《职官·宦迹八》

陈勋，湖广沔阳人，举人。宣德间，知青州府。教民孝弟力田，每行县省耕绘为劝农图。兴学造士，文风丕振。

益都县

《县志》 《齐民要术》十卷，魏贾思勰著。思勰，益都人。* 按，《齐民要术》言种桑法，甚详晰。与《汜胜之种植书》互相发明。

民国《山东各县乡土调查录》

益都县：蚕桑，全境几于遍地皆桑，家家养蚕。统计土桑约有一万五千余株，湖桑三千七百余株，每年出丝一万四千余斤。近设蚕丝劝业场，提倡改良，将来效果可立而待也。

康熙《益都县志》卷之一《风俗》

《史记》曰：泰山之阳则鲁，其阴则齐。齐带山海，膏壤数千里，宜五谷桑麻。……《隋·地理志》曰：太公以尊贤尚智为教，故士传其风，莫不矜于功名，依于经术，阔大多智，志度舒缓。又曰：男子多务农桑，崇尚学业，其归于俭约，则颇变旧风。《宋·地理志》曰：其俗重礼义，勤耕纴。

博山县

民国《山东各县乡土调查录》

博山县：蚕桑，全境计有桑树万余株。惟因土质坚硬，生长迟缓，加

---

* 《齐民要术》卷五：种桑、柘第四十五，养蚕附。

以养蚕之家仍用土法，故蚕丝业不甚畅旺。

乾隆《博山县志》卷一《山川》

话岭，县东南七十里支分鲁山中多蚕场。

民国《续修博山县志》卷七《实业志·蚕桑》

邑内蚕桑向以县境东南、东北各方产量最多，墙下田畔无不植桑。有椹桑、鲁桑。又接桑有二种，叶小而厚，曰鸡冠；桑叶大而薄，曰大叶桑。以东邻临朐得仿其芟接之术，几无家不事蚕业。民国十九年以前，桑斤值二三百文，茧斤值四五六角不等，小户亦卖洋数十元。利之所在，不劝而趋。自麻代丝用茧价跌，小饲蚕者渐少，向日爱护之桑株，今为斧斤之析薪，农家之本务，无复念及矣。长民者有以提倡而保护之，庶有豸乎。又樵岭前西北山，有檿桑可饲蚕，凡蚕食槲柞者，曰山蚕。樵岭前一带及鲁山附近产之。食樗者，曰樗蚕。年可饲二次，惟数量无多。槲蚕作茧。夏秋两次。缫丝作紬，俗名槲紬，外邑以制茧缎，现几绝种矣。

临淄县

《县志》 国朝，王进魁，辽阳人。任临淄县。劝种植。韩超然*《郊行》诗云：马蹄到处种桑麻。

民国《山东各县乡土调查录》

临淄县：蚕桑，全境桑树约有一万九千余株。民间养蚕系用旧法，出茧约二万一千余斤。

---

* 韩超然，明代，今临淄区人。明世宗嘉靖四十三年（1564）举人。明穆宗隆庆二年（1568）授山西省平阳府蒲州县知县。在官廉明，开渠引水，兴学重教，被誉为山西名官。著《宦游录》，内集诗一百零五首。民国《临淄县志》卷二十三《人物志三·宦迹》："韩超然，嘉靖间贡生，事亲孝，乡里称之，官山西蒲县知县，旧志称其洁已爱民，蒲县为立生祠。"

咸丰《青州府志》卷三十二《风土考》

临淄，人勤稼穑，家鲜盖藏。……农俭啬，三时既尽辄出，将车以谋食，或纬萧为业，商贾治丝布，业香屑而止，工则梓匠杇墁，并以巧闻。

康熙《临淄县志》卷八《宦绩》

王进魁，奉天府人。莅任清勤。邑□*有借支等项，诸今皆以此诖误，公素对家捐己资万余金，尽捕邑之逋欠，诸弊多革。从来循吏所少，邑人为立去思碑。

邵嗣尧，庚戌进士，山西猗氏县人。雄才英略，出人意表。治兹三载，政简刑明。虽乡绅莫敢干以私。禁暴除贪，奸宄屏迹。雷厲风行，讼狱弗兴。禁赙逐娼，四郊凛状。劝农桑，修学宫，及县治百废俱举。至于捐金助婚曲，行仁惠，又多方疗民之疾苦，一时囹圄空虚，民安乐业。洎丁艰，离任，淄民如失所天。至服阕，赴部补选，遇有淄人卖身都门者，必极力赎回，方已离淄数载，见淄人罹难，犹惓惓不忘，何痛痒之关切耶。颂乐只歌恺悌，岂云諛哉。

主簿：明，李纯，浙江余姚人，劝农桑有功。

民国《临淄县志》卷十八《名宦志》

王进魁，奉天贡生。知临淄县。县有亏帑，前令率以诖误去，进魁家素封，乃捐万余金，尽补其缺。岁饥民困，发粟赈之。民为立去思碑。

民国《临淄县志》卷十三《物产志》

樗宜饲蚕，……桑有白桑、鸡桑、子桑、山桑树种，而近来湖桑最多。柘之用于桑，一名檿，木坚多刺。……近来蚕业渐成，旧有之桑，每不敷用。而蟓为自生之蚕，亦曰螈蚕。樗蚕食樗而大，茧褐色，又为农家副产之重要品。

民国《临淄县志》卷十三《实业志》

蚕丝为土产大宗，畴昔惟植鲁桑，自输入湖桑，人多移植，然其性畏寒，经冬多死，生长虽速，年龄过促，终不及鲁桑之优美。土产之茧，皆为黄色，自蚕校建设，新园茧色白，质良颇为社会所欢迎，蚕业进步，殊为迅速。惟是选种催青，腌绿丝，尚沿旧法，岂非美优有憾乎。

---

* 缺字，应为“旧”字或“昔”字。

博兴县

《县志》 地朴民淳，男耕女织。按，《物产志》序云：古檿丝，即今之山茧也，青州独饶，而博邑何无一产。

宣统《山东通志》卷四十《风俗》

士皆淳朴，学兼耕桑。农务本业，无怠岁事，沿河之村，并业鱼蒲，故鲜游手，妇女皆纺织，无待人而食者。《青州府志》

咸丰《青州府志》卷三十二《风土考》

博兴，士习淳朴，学兼农桑。农务本业，无怠岁事者。……妇女无长幼贫富者，皆纺织，无待人而衣者。

道光《重修博兴县志》卷五《风土志》

风俗称其地朴民贫，男耕女织。无奇技淫巧以荡其心，无游人异物以迁其志。而欲泽以诗书，敦以礼乐，成文章信义之邦，谅哉言也。

高苑县

乾隆《高苑县志》卷一《风俗》

男子多务农桑，其俗重礼义，勤耕纴。

乾隆《高苑县志》卷一《物产》

有桑而不茂，养蚕之利薄矣。……间有捻茧绵为织䌷，蚕丝为绢者，或亦齐纨之遗欤。

咸丰《青州府志》卷三十二《风土考》

高苑，桑叶薄，不中饲蚕，故产丝寡。

咸丰《青州府志》卷三十四《名宦传》

（唐）李仁，字成已，沧州东光人。任淄州高苑县令。县治有碑称其公鱼盐之利，委俸禄之余，变斥卤为膏腴，化亩渔为纺绩。开建学官，诱进生徒云。《旧志县志》

乾隆《高苑县志》卷之八《艺文志·碑记》

唐，李明府德政碑：若乃相宜通便，博利丰财，静则任人，动便益国。劝农桑之业，塞浮惰之源，变斥卤于膏腴，化畎渔于纺绩。

乐安县

《县志》　濒海瘠卤，民务耕桑。

宣统《山东通志》卷四十一《风俗》

滨海斥卤，民务耕桑，终岁勤动，日恐不给。士夫矜名节，民多戆直。《青州府志》

咸丰《青州府志》卷三十六《名宦传》

马亮，顺天大兴人，举人。成化五年，知乐安县。清慎严明，门无私谒。抑豪强，劝农桑。民咸爱之。

奚铭，顺天宛平人，进士。知乐安县。廉明善断，案无留。废除弊，惩奸人，知向善。稍暇辄诣明伦堂，进诸生讲授经义。岁凶招集流亡，劝课农桑，民不失业。以考最，行取御史。

康熙《乐安县志》卷十三《名宦》，万历刻版

马亮，字文明，顺天大成人，举人。成化初知县。自持以严，惠无反施，至于招亡厚农，礼贤笃弱，古良吏不逾也。以忧去，为民所不忍。往父老言城中废，不足御羊豕，得高深如今者，马所筑。

奚铭，字克新，顺天宛平人，进士。成化间知县。摧豪廉枉，罚有常科，每盛夏行禾，知地饶瘠之处，卒有水旱，为税轻重之差，老吏奸胥无

所佶也。政暇造明伦堂，为诸生讲授经旨。招还流亡，民而安定之。以贤征为监察御史。

雍正《乐安县志》卷十六《物产》

木之属。桑、椿、樗。虫之属。蚕。

民国《续修广饶县志》卷一《舆地志·疆域·物产》

木类。桑，有本地桑、鸡冠桑、湖桑数种，叶可饲蚕。樗，香者名椿，臭者名樗。昆虫类。蚕，有三眠、四眠二种，又有樗蚕饲樗叶。货品类。茧、丝、绢。

民国《续修广饶县志》卷九《政教志·实业·蚕业》

我国蚕业发明最早，而今反落后者，以乏改善之研究也。邑地斥卤，宜桑者尠。惟沿海淄水一带，上自梧村，下至南北寨，业蚕者仅二十余庄，所植桑株分鲁桑、湖桑二种。湖桑自民国始有植者，乃以土质干燥，其所产收不及鲁桑三分之二，故未繁殖。所育之蚕分三眠、四眠两种，而四眠茧之收量较重，丝色亦佳。以种自外来，选制纯良，故也。若能于三眠者，改良其种，亦未必遽逊于四眠。今就蚕桑之全体计之，桑之种植不过一万四五千株，茧之收量亦不过市秤四万余斤。当民国初年丝之销路，尚称顺利，但以缫制纯用土法，仅可出售于周村、青州，而洋商无过问者。迨七八年间，日人设庄于青州车站，提高其价收买生茧，而贩卖者夥，每茧库秤一斤，价至五角或六角。自九一八事变以来，日商亦减，价值更贬，加以舶来之人造丝绸日益充斥，而茧丝价值陡形跌落，计茧市秤一斤，仅售洋一角五六分。每丝一斤仅售洋二元六七角，若以此一斤丝织成普通绸绢，约可得市尺两丈四五尺，就每尺值洋两角计算，当能得洋五元上下。设乘此时机，提倡家庭缫丝，制成各种绸缎，以供国人服用，不惟利生倍蓰，且能抵外来丝货，杜绝漏卮。惜倡导无人，致原有桑树所伐过半，此实今人浩叹者也。

寿光县

《府志》　寿光桑麻之区，地宜桑，而山蚕为利，亦甚溥。寿光少

山，而椒、椿、槚、柘，所在有之，其蚕食叶成茧，各从其名。与桑蚕同功，故土人重之。

《县志》 平原沃泽，桑麻翳野，大约皆本业之民。盖土宜种树，而逼近河浒者最茂，连阡带陌，桑枣为多。北海之枣与仙纹绫丝同贡，而寿光所产最饶。明，王铎，陕西阌乡人。洪武时，知寿光县。劝农桑，恤贫穷。代去，民遮道留之。

民国《山东各县乡土调查录》

寿光县：蚕桑，全县桑树一万七千余株。民间养蚕之家系用旧法，每年出丝一万二千八百两。

民国《寿光县志》卷十一《农场》

城西郭外迤南旧校军场，计官亩三十九亩六分。自民国二年归农会管理，划一半植桑成列，以供乙种蚕校育蚕之用，其余则垦地种棉。十九年奉令创办农场，实将旧有桑树铲除大半，划为五区试验，各种农作物。东为桑树区，有湖桑、鲁桑二种，为饲蚕制种之需。

民国《寿光县志》卷十一《蚕业》

县境种桑育蚕者以东南乡东方三官庙、玉皇庙等庄为多。桑有湖桑、鲁桑二种，惟种植湖桑者少。鲁桑名目有鸡冠、鲁桑铁干、鲁桑一生。鲁桑之殊，饲养幼蚕、壮蚕皆为适宜。接桑宜先养成砧木，其法春间布种，灌溉培养，明春长尺许，即行分栽。至三四年后，高六七尺，即于夏天试行芽接，最易繁殖。土人多用插接法，以枝接于桑苗根部，用土培封，则枝不畅而条易丛。养蚕之法首曰制种。检强弱，定去留，冬至前后实行浴种，则成绩必佳。其次曰暖种。蚕将孵化以前温度不宜太过，必使温度渐增，卵子变青，脱壳成为蚁蚕，则蚕卵渐生。时值桑芽怒出，采而饲之，此催青之良法也。饲育之法，分箔则宜勤，蚕室则宜洁，若每日给桑次数，幼蚕宜多，壮蚕宜少，遵而守之，蚕事未有不精者。而养蚕者多泥守旧法，不思改进，茧用盐腌，亦无新式烘茧灶之设备，益以茧丝价值操自外商，日形低落，尤为蚕业不振之一大原因。

民国《寿光县志》卷十一《物产》

木类。桑叶可饲蚕，椹紫色可食。旧惟土桑，实业提倡种湖桑，叶厚而大，有栽至数亩者。惟数年后即不畅茂，未若鲁桑合土地之宜。柘亦可饲蚕，不如桑，远甚，木甚坚韧，惜无成材者。樗，似椿，而味恶，故名臭椿，叶可饲蚕，吐丝粗。昆虫类。蚕春初生，饲以桑叶，三起三眠，老则吐丝作茧，虫之最有利益者，蚕学家讲求新法最良。别一种形稍大有刺，放于樗上，不假人工，自成茧，俗名樗蚕，丝较劣。

咸丰《青州府志》卷三十二《风土考》

寿光，平原沃土，桑麻蔽野。人皆务农，逐末者少。

咸丰《青州府志》卷三十二《风土考》

寿光，货之属鱼盐为最，山茧次之。邑少山，而椒、椿、樗、柘，所在有之。蚕不待饲，食叶成茧，各从其名，与桑蚕同功。

咸丰《青州府志》卷三十六《名宦传》

王铎，陕州阌乡人。洪武中，知寿光县。劝农桑，兴学校，均赋役，招捕亡。迁擢之日，万民遮道泣留。

咸丰《青州府志》卷三十七《名宦传》

刘有成，三韩人《旧志》作辽东人。康熙三十五年，知寿光县。精于吏治，而行以慈惠。在任七年，政声远迩。尝单骑从三五人，行阡陌间，劝农桑，谕以耕读孝友大义，听着娓娓忘倦。新学宫，理仓储，治城隍，百废俱举。春秋两税不事追呼，而民自输。将恐后年饥，出谷千石以振饿者。遇旱蝗督捕有法，遂不为害。齐俗治丧僭奢，有成谕以哀戚之本俗，以大变民心。既洽，乃修仓颉墓，建亭榭，围城植芰荷，招诸生讲艺，其中彬彬乎，有古循吏风。以卓异，擢广州府同知。县人为建生祠，立去思碑，以表之。

嘉庆《寿光县志》卷九《食货·物产》

寿光之北鄙，近海五六十里，地斥卤，诸树皆不生，以上平芜沃饶，皆宜种树，而逼近河浒者最茂，其品曰：樗。……柞之属亦间有之，而惟地不宜松，人家园圃中得三五株以为奇产矣。连阡带陌，桑枣为多，桑入货品，而枣入果品，不以树论也。

盐丝席布，寿光之货也，地宜桑、宜棉，又饶蒲荚，故也。

山蚕为利甚溥。寿光少山，而椒、椿、樗、柘，所在有之。其蚕食叶成茧，各从其名，与桑蚕同功，故土人重之。

丝布之品，有樗茧，蚕食樗叶作茧，故名。

乾隆《续寿光县志》卷十《方产考》

丝布之品，有樗茧蚕食樗作茧，故名。

昌乐县

《县志》　民务农桑。

民国《山东各县乡土调查录》

昌乐县：蚕桑，养蚕者日见其多，虽用土法，蚕亦畅旺。全境桑树约有十万余株，每年出丝万有余斤。

宣统《山东通志》卷七十七《职官·宦迹四》

马献墀，陕西同州人，举人。顺治八年，任昌乐。重文学，劝农桑。士民怀之。《青州志》

宣统《山东通志》卷四十一《风俗》

生计蹙，故事少纷更，托业薄，故志鲜阔大。士习愿朴，民务农桑，鲜逐末者。婚姻丧祭，犹见古风。《青州府志》

咸丰《青州府志》卷三十二《风土考》

昌乐，民务农桑，鲜逐末者。

嘉庆《昌乐县志》卷九《风俗考》

民务农桑，礼让清醇，祈报有章，其大较也。

民国《昌乐县续志》卷十二《物产志》

服用类。椿绸，以椿蚕丝织成。茧丝，本县农民前对蚕桑颇有认识，因之丝业日渐发达。近自丝价日落，所出茧丝日就衰微矣。木类。樗，又名臭椿，叶可饲蚕。桑，分鲁桑、湖桑两种。鲁桑叶小而密，湖桑叶大而稀，多水汁，均可饲蚕。柘，多刺，叶碎小，亦可饲蚕。柞，叶狭而长，专饲山蚕。

临朐县

《县志》 农勤耕桑，习织纴。

民国《山东各县乡土调查录》

临朐县：蚕桑，是邑蚕桑之盛，冠于全省，养蚕者日见其旺。全境桑树约十八万株，每年出丝约十五万斤，岁盈约百万元，居民赖以生活，可儆法也。

咸丰《青州府志》卷三十二《风土考》

临朐，货之属，绵紬、山紬、生绢，皆织自土人。丝有生、熟二种，聚于冶源集，益都估者购至京师，为纶巾、韬穗带绅之属，货行远方。

临朐，习尚浑朴，其士大夫多恬退，不事奔竞。农务耕桑织纴。

嘉靖《临朐县志》卷一《风土志·民业》

民勤耕，农务蚕，织作紬绢。山居者或拾山茧作紬，《禹贡》所谓，檿丝者也。

光绪《临朐县志》卷八《风土》

妇力于蚕，豫事时作，一妇不蚕，比屋詈之，古以称兖人者，邑有其风焉。然不精女工之业，裋褐穷袴，仅能自衣，其夫麻枲织纴作均非所习。所云：勤织纴，旧俗。则然今不能矣。

恒俗。立春日，裂土牛体，置蚕房，曰宜蚕。正月五日，祀蚕姑神，十六日浴蚕种，是日，小儿女以五色米杂七孔针，炊糜作巧饭，食之，曰益智。二月二日，早起布灰周宅墙，曰厌水灾。以箕簸灰，缕缕作仓廪状，置五谷少许，其中甓覆之，曰安囷。四月八日，村社醵钱赛山灵，挈榼聚饮，尽醉乃归，曰祭山蚕。麦登梅雨足，刑豕谢天，兼祈秋成，曰贺雨。里俗细碎，无关得失，附志之者备琐闻也。

桑，叶厚宜蚕，《齐雅》云：有花桑、葚桑、叶桑，皆属下品。惟鲁桑采桑叶大而厚，多留供老食之用，谓之装丝桑。连冈被野，盛甲青州。柘不多有，多樗《齐雅》云：有家、野二种。家者荚青，野者荚红。多槲俗曰：山桑，叶大于掌。登、莱、青、兖四府，凡有山谷之处，无不种植。不论顷亩，以一人所饲为一把手，有多至千手之家。不供赋税，坐享千金之富。《齐雅》之言如是，今不尽然矣。以饲山蚕与桑同功，椒亦宜蚕。《山蚕说》食椒，名椒，是也。《齐雅》有云：移樗蚕于椒树，茧带椒香。是其时，尚有椒蚕，今绝不见。盖椒实繁衍，农家坐收其利，殊逸于饲蚕也。

货之属。丝为冠，巨洋以西所产尤坚韧。五井之丝鲜洁，龙矿之丝，中作琴瑟弦。色有黄、白，练之则一，土人所贸皆生丝也。远方大估，皆集益都，遂末者转鬻就之。村人坐鬻集于治原、五井，亦多自至益都，近于北郭为市，以招远估至者殊鲜。贸迁之远，兼及泰西诸国。其走上京者制为伦巾、韬穗带绅之属，行于八方。是名线丝别一种，俗曰手丝。缫盆所余，棼乱揉杂，徐理就绪，估者货至周村，中妇女绦带之用。美利孔溥，他县所无，岁计其通常获银百数十万缗。用生丝织成湅染之功，皆恃益都。山紬，槲茧大如卵，西南诸山中一岁再蚕，其丝粗而韧，一衣可二三十年不敝，聚于九山村市间，有贩至周村者。绵紬，蛹为蛾，破茧而出其茧，缫丝不能长，理绪合之，织为此紬，价较山紬差贱。皆织自土人杼轴，绝少衣被之利，罕能越境。织之利最大，习湅、习染、习纺、习织。一机可赡数人，境有千机，民无游手矣。乡约会备，言之然，图始殊不易也。

光绪《临朐县志》卷十三《宦绩》

代铎，贵州桐梓人，举人。嘉庆二十三年任。明敏有吏才。……县境广输百里长川，邃壑、林麓、坡陀，居其大半，平壤可耕者亦率多瘠少肥。然麦菽禾黍外，宜桑柘，宜果蓏。民习偷惰，不能尽地之利。代铎减差徭，弥盗警，督民力作树艺。

民国《临朐续志》卷十之十一《货类》

桑，叶厚宜蚕，连冈被野，弥望皆是。近因丝业凋落，桑之在田者皆以妨害稼穑，大加斩伐，不予救济，将不数年而铲除尽矣。槲，俗曰山桑。亦曰梈椤，叶大如掌，可供饲山蚕之用。今则业是者绝少，而槲所在之处，久为樵牧之场，无遗留矣。

丝。邑人养蚕，其来甚久。种桑之田十亩而七，养蚕之家，十室而九，故蚕业之盛为东省诸县之冠。在昔旧法缫丝利用已遍全国，贸易且达西欧。自后改用新法制成厂经，尽销外洋，每岁出口至三千九百余箱，平均比较，可年出三千余箱，可云至钜。乃自二三年来丝价骤落，一蹶不起，民生困竭，商肆萧条，财源既塞，不得不另辟出路，乃群趋于种芋之一途。绢。近年鄙视丝织物，此货出数极少。山䌷。槲茧大如卵，丝粗而韧，一衣可二三十年不敝。自槲蚕事衰，此䌷遂亦罕见。绵䌷。出蛾之茧，湅而理其绪，手捻成丝，积岁累月，才织丈尺。衣被之利，罕能及远。

宣统《山东通志》卷七十三《职官·宦迹八》

姚文明，山西潞州人，举人。正德中，知临朐。当流贼伤残之后，抚辑遗黎，敦劝农桑，清介自励。不事刑威，而民自服。

安丘县

民国《山东各县乡土调查录》

安丘县：蚕桑，西乡一带桑树甚多，计有六万余株之谱。乡民饲蚕仍用土法，每年出丝约三万斤左右。

宣统《山东通志》卷四十《风俗》

风俗朴鲁，士兼耕读，好礼文。斤斤约束，不入公门。勤织纴，敦节烈。《青州府志》

万历《安丘县志》卷三《山水考第二》

龙湾。在县北汶水侧，旧为民间桑田。隆庆三年大水，后遂潴为湾，周广数里，泓深叵测，隆冬不冰焉。

宣统《山东通志》卷一六一《历代循吏》

元，田恭，兖州人。大德间，以宁海判官迁安丘尹。修举废坠，勤恤民隐。尤加意于农桑学校。《安丘志》

咸丰《青州府志》卷三十二《风土考》

安丘，山茧。《县志》西南山产木材朴蔌，蚕著树间作茧，土人缫以成丝，色赭而值倍。白紬，《禹贡》所谓檿丝也。

诸城县

《县志》 朴鲁纯直，重礼义，勤耕纴。蚕能利民，而诸邑桑多豁腹，蚕工有限，丝成亦能绢，而不能紬。椿可牧野蚕，成茧织紬，与水纨绮罗同值。蚕养于槲，与柞者皆名不落树。树生于山，春秋两次织山绸，虽不如椿绸之贵，而衣被南北，为一方之货。果树中栗、柿较多。元，张崇道，铜台人。至元间，知密州。重农桑，有古循吏风。按元，密州治诸城。又，真间，至元间，任密州达鲁花赤。常亲至闾阎，召耆老，询民疾苦，劝农课桑，务期实效。

民国《山东各县乡土调查录》

诸城县：蚕桑，养家蚕者多用土法，不见畅旺。全境桑树约四万余株，出丝约三万两。

《诸城乡土志·物产》

动物，山蚕、湖蚕、椿蚕。动物制造，山丝、湖丝、椿紬。植物，椿、槲、橡、湖桑。邑人王维屏、王维城，于巴山栽植官亩四十亩，计一万二千株，邑之栽桑者多购植之。动物，山蚕、椿蚕、牛、羊、豕为多。植物，除五谷外，核桃、落花生、瓜子、山芋、桑、槲为多。动物制造以山丝、咸猪、咸鱼为大宗。出境货物，山丝陆运昌邑，每岁销行四十六万个。山紬乡民自制，除本境销行外，乡民由陆路自赴昌邑、潍县、青州销售。

万历《诸城县志》卷三《田地》

桑枣按国初法制，行令北方州县，于民间隙地，遍栽桑枣，以尽地利，以裕民生，法密且良矣。府属土宜桑枣，州县有一处共栽过一二百万株者。

光绪《诸城乡土志·耆旧录·列传下》

刘必显，字微之，顺治九年进士。……子桢、果、棨、棐。……棨，字弢子，进士，授长沙知县。……居三年，迁知宁羌州。……一日出郭，见山多槲树宜蚕。乃募里中善蚕者载茧种数万至教民，蚕茧成，复教之织，州人利之，名曰刘公绸。其后桂林陈文恭为陕抚，请下其法于他州县，由是陕人之蚕者益众。

乾隆《诸城县志》卷十二《方物考》

椿可牧野蚕，成茧织绌，与冰纨绮罗同值，《尔雅》所谓檴茧也。详王仲威钺《暑窗臆说》、益都孙文定廷铨《南行记》谓椿与槲为一茧，未深考耳。……邑非桑土，树多豁腹，故蚕工有限，丝成亦能绢，而不能绌。……利最久且大者，曰山蚕。蚕养于槲与柞，皆名不落树。树生于山，春秋两次蚕老吐丝。王汝如，沛恂，《匡山集》纪之甚悉。织为山绌，虽不如椿绌之贵，而衣被南北，为一方之货。《禹贡》檿丝即此，详《尔雅》、《注》及《药溪笔谈》，或疑山茧之线撚而多类，不中琴瑟之弦，不知山茧亦可缫丝，但今县人不能缫耳。

咸丰《青州府志》卷三十二《风土考》

青棡树，文而可食。椿可牧野蚕成茧，可织绌，与冰纨绮无异。《尔雅》曰：檴茧，是也。槲、柞宜蚕，九仙、五莲山产尤夥。

咸丰《青州府志》卷三十五《名宦传》

（元）张崇道，大名人一作铜台人。至元二十一年，知密州。崇学校，重农桑，有古循吏风。《旧志县志》

真闾，顺宗至元四年，任密州达鲁葛齐。惓惓以厚风俗，兴文教为己任，勉励属县广立社学，择通晓经书者为之师。常亲至闾阎，召耆老，问民疾苦，劝农课桑，务期实效。时山海间盗贼窃发，为严更鼓之制，督捕盗官兵，设方略，定功赏，奸人屏息，民赖以安。堵州廨，岁九倾圮，首捐俸以倡僚属，凡材木、瓦石、工役必授其直，不以累民，并修超然台及各官廨舍。秩满不俟代而去，州人思之，乃述其善政，勒石于州治之门右焉。《旧志县志》

宣统《山东通志》卷百三十六《艺文志十·农家》

《蚕说》，王萦绪撰。萦绪有《周易合参》，见经部易类。是书作于官鄜都时，《府志·本传》云：鄜地多槲，因教以饲蚕之法。

《成祉府君自著年谱》，王萦绪

乾隆三十三年五十六岁。教鄜人养山蚕。山左产山蚕，《禹贡》曰：檿丝，檿山桑也。今名槲，鄜山多产此，土人呼青㭎树，止供樵薪。府君为聘蚕师，教以养山蚕法，鄜人始知青㭎之利。复为《养山蚕说》一卷，上之制府阿公公*，饬行各属山县，以普其利。

道光《补辑石砫厅志·艺文上第十·教养山蚕说序》**

古先王经理天下，物土之宜而布其利，有山泽原隰之不同。故《洪范·八政》货与食并重，所谓因民之利而利者随处可得，固非仅耕田而食，凿井而饮也。《禹贡》青州之贡，厥篚檿丝。《注》曰：檿，山桑也，迄今数千百年。东省山桑之丝，织绸制衣，被及天下，为一方之货，盖其由来远矣。山桑二种，曰槲，曰柞。槲叶大，柞叶小，皆饲山蚕。山蚕者异其名于家也，家蚕茧小，山蚕茧大。家蚕屋蓄，山蚕露蓄。家蚕采叶以饲，山蚕就树以饲。家蚕岁收一次，山蚕岁收二次。家蚕工在妇人，山蚕工在男子也。一夫计收蚕十万，即减其半。得五万之数，百蚕之丝价值百钱，五万两茧之丝即价值五万。用力少而成功多，较家蚕岂第倍蓰哉？故东省有槲、柞，即与田土同值。山无槲柞者，且买其子种之，期于数年后可获檿丝之利也。石砫僻处万山，到处山桑成林，较多于齐鲁，土人名其叶小者为花枥，其叶大者为槲枥，然止供柴薪之用，而不知实即东省之柞也，可以饲蚕制绸，殊为可惜。萦绪来守兹土，思旧藏《养山蚕说》，其法颇为详备，特抄书本分散各乡，使有山林者仿而行之。年来已收茧织绸，著有成效。兹复按其说之条理绘为图，而付之梓，庶几远迩传流，争相鼓舞。数年之后，檿丝之利之盛于东省不又兴于西耶！则余之所惓惓属望于吾民也夫。以上四篇前志均未载，兹从王公《滋德堂文集》捡入。

乾隆《诸城县志》卷三十二《列传四》

沛恂，字汝如。举京兆，授海城知县。地旗民丛居，前令听讼多依违，沛恂研狱无成，见境内帖然。县多逋赋，皆不许民售田所致，沛恂请

---

* 指阿尔泰。

** 同文见于郝敬修《教养山蚕说》，乾隆三十六年。山东高密人郝敬修任陕西汉阴县知县，推广柞蚕，两三年后，已收茧织绸，著有成效。

讼于上官曰：有不许民卖田之禁，不能无势必卖田之民，民重犯法，故私卖者纳无地之粮，而私买者种无粮之地，此官民两困之道也，宜弛其禁，从之。康熙五十一年，诏九卿各举所知，吏部尚书吴一蜚以沛恂上擢兵部职方司主事。时蜀中用兵，因驳马乾销算不符，忤部尚书意，罢归。

《纪山蚕》，王沛恂

吾乡山中多不落树，以其叶经霜雪不堕落，得名一名槲，叶大如掌。其长而尖者名柞，总而言之曰：不落，皆山桑类，山蚕之所食也。蚕作茧视家茧较大，《禹贡》莱夷作牧，厥篚檿丝。颜师古《注》檿，山桑也，作牧，言可畜牧以为生也。苏氏曰：惟东莱有此丝，以为缯，坚韧异常，虽朴质无文，然穿着多历岁，时故南北人通服之。人食其力，习为业，勤苦，殆有倍于力田者。初春买蛾下子出蚕，蚕形如蚁，采柞枝之嫩叶，初放不及麦大者，置蚕其上，捆枝成把，植浅水中不溢不涸，方不为蚕患，看守不问昏晓，谓之养蛾。保护如法，蚕长指许，纳筐筥中，肩负上山，计树置蚕场，大者安放三四十千，次则二十余千，或十余千不等。狐狸、狼、鼠、莺、鸱、鸟雀、蛙蟆、虫蚁，无巨细，皆嗜蚕，防御疏则饱无厌之腹，以故昼则持竿张网，夜则执火鸣金号，呼喊叫之声，殷殷盈山谷，极其力，以与异类争如此者。两阅月，鸟兽昆虫之所余者十才四五，顾又有人力不得而争者，旱则蚕枯，涝则蚕濡，虽经岁勤动，而妻啼儿号不免矣。嘻！四民莫苦于农，而蚕夫则又加甚，记之以志感焉。

蚕桑问答

溧阳狄继善毅堂述

问溧阳种桑始于何年？

答曰：溯查溧邑之桑，自吴公始。吴公，讳学廉，* 乾隆年间宰溧阳，课民植桑，始而村庄空地，继而河旁田畔。今则山林旷野，高阜地亩，接陌连阡，不可胜数矣。

问每亩种桑若干株，出叶若干斤，饲蚕几箔，得丝几斤？

答曰：树与树相离，横直二三尺至七八尺，皆可。大约初栽宜密，俟其长成，好者留之，不可者去之。疏则补之，密则删之，其获叶多寡不论树行疏密，惟论树枝好歹，又全在人力之勤惰耳。每桑一亩约可出叶一千五六百斤，至少亦千斤上下，其多少之，故视地力，更视人功。人功勤也，地力肥，叶厚而大，否则薄而小。每饲蚕一箔，自出壳，至大眠，约用小叶二三十斤。自大眠至上山，用大叶一百余斤。共需桑叶一百五十斤，可得丝一斤，计每亩饲蚕十箔，得丝十斤。

---

* 光绪《溧阳县志》卷六《食货志·物产》："蚕桑之业，据《吴志》，向惟姜笪、新昌两村，自吴莅任鼓舞利导其业渐广。"卷九《职官志·文题名》："吴学濂，江西高安人，乾隆二年二月十三日到任，九年二月十一日病故，见名宦。"光绪《溧阳县志》卷九《职官志·名宦》："吴学濂，字逊周，高安人，增贡生，乾隆二年知溧阳，溧阳素鲜蚕桑，学濂教民种饲有法，民争效之，衣被之利，实从此始，值岁旱潦，慨然欲修水利，亲历各乡，测量地形高下，水道浅深，详请开濬会承办菑赈事不果行，论者惜之语具学濂所作溧阳水说，毁坏淫祠，整理学校，性爱人，读书或过人家塾闻书声清越辄入，谭艺移时乃去在任八年卒于官。"

问桑树何以有家野之别、高低之分？

答曰：家者甲年栽，乙年接，三年则茂。接桑照接果法，接则枝壮而长，叶大而肥，宜饲蚕。野者不接，不接则子多叶少，不堪采用。高者树大枝多，叶亦繁盛，惟采摘较难。低者树可多种，易采摘。或值树老虫空，另栽亦便。是以溧邑所种，低者较多，高者较少。其实树之出息，不大相上下也。

问桑叶价值若何？

答曰：桑叶每百斤，中价千文，贵至千余，或二千余，极贱，仅数百文，甚而售卖不出，俗名挂树头。然此种厄年，亦罕逢也。盖桑叶之贵贱，视乎蚕，蚕旺则叶贵，蚕衰则叶贱。

问种桑养蚕用人工几何？

答曰：每一人可种桑地六七亩，如多种，忙时，需雇帮手。桑喜燥而恶湿，湿则生虫。凡桑行两旁，必得卸水处。采叶后，天时阴雨，树根地上，必得锄铲拢盖。迨夏间长成树枝，即次年长叶之枝条，必得逐树修剪成材者，留之，不成材者，去之。更有其弃，即由树上采取者，采后桑枝必得尽数剪除，以免分树之脂液，先剪后采者稍为修剪，则可矣。又每一人养蚕，可四五箔，然上山时，仍须合家相帮。缘上山不可少缓，少缓则蚕老，而丝吐他处矣。

右狄君毅堂二尹*所述，蚕桑问答五条，美哉乎，备矣。溧阳得乾隆间吴邑侯条教，善治桑畴，岁出丝二百万缗。江左养蚕家以溧阳为最，余家丹徒与溧阳为邻，邑二尹，溧阳人，与余为同乡。今来东省为同官，为余言溧邑蚕桑事甚悉，乃设为问答，不惮反复，以申明之，而不自觉其言之亲切而有味如此，固亦有心人哉。客因问于余，曰：溧邑种桑法可行之于山左乎？余曰：可，山左饲蚕之桑，皆南中所谓野桑者也，若仿照南法，区种小桑株，以桑接桑，如接果，然则不野而家。次年即堪采叶，不数年，而郁然成林。况东省蚕桑较南省更有五便。东省河身高，沟洫不通，

---

* 清代用“二尹”称呼同知府事。由此推测，狄侃即狄继善，限于科宦不广，记载较少。狄侃，字毅堂，山东候补县丞，权胶州州同。

往往水旱虫伤之，是虞，惟蚕桑可以济五谷之穷，且东省春多晴，养蚕家尤为相宜，不似南省之春多雨雪，便一。南省地价重，东省价平，东省碱地多，五谷不丰，而桑性不畏碱，便二。南中妇女习针指，工刺绣，地方官若劝蚕桑，尚须设茧馆，延蚕娘以教之。东省则家善饲蚕，人知络丝，所苦者桑不多耳，桑多则不劝而民从，便三。南方卑湿，桑易生虫，故器用不取桑木，东省近北方，高燥，不但叶宜蚕，而木质亦极坚良，制一切器具，取材甚饶，便四。南方饲蚕专以桑，东省则兼用柘桑，且有野蚕者，食椿、樗、椒树叶，自能成茧，便五也。余既以应客，因缀附于狄君论蚕桑之后，以备贤者采择焉。

道光十五年乙未六月既望

山东候升知州前知曹县事中吴陆献跋

东省宜桑宜蚕，古者丝织之盛，甲乎天下。迨后织工南渡，而东人虽好饲蚕，恒苦无桑。泰安、沂州有织椿绸者，作衣与被，甚佳，亦不可多得。狄君问答，言南人种桑法精且确矣。昔之自东而南者，今何不可，自南而复归于东，五便之说，亦甚切至矣。贤有司劝课蚕桑，非以南人之所能，强东人以所不能，乃以东人之昔日所能者，而劝其今日为之，且督其人人为之，并非别有新图，不过复其旧业，又何惮而不为。诚能设课局，募人秇桑，秇桑成条，分布农家，植于田园里党之中，久之化为桑田，不患不及溧阳也。山东父老话农桑，自古而然。此法行，而民之勤者可以无寒无饥，愿吾乡父老子弟，争先种树，以趋承美意于无穷也。

岁在旃蒙协洽* 闰月望日

曹州府教授鱼台马邦举** 顿首拜跋

---

* 旃蒙协洽指乙未年。

** 马邦举，号卧庐，鱼台人，清嘉庆庚申举人，乙丑进士，注铨知县，改教职，官曹郡教授。博极群书，壮游江南，历馆萧宿诸州县，及官曹郡，从学益众。

课桑事宜

一种椹

《齐民要术》：收椹之黑者，剪去两头，取中间一截。种时，先以柴灰掩揉，次日水淘去轻秕不实者，曝令水脉镵干，种乃易生。

《氾胜之种植书》：种桑，五月取椹着水中，濯洒取子阴干之。肥田十亩，荒久不耕者善，好耕治之。黍、椹子，各三升三合和种之，黍桑俱生，锄令稀疏调适，黍熟，获之，桑生正与黍高下平，以利镰刈之，曝令燥，放火烧之，桑至来春生，一亩食三箔蚕。按，黍一本作大麦，俗说以老椹喂鸟雀，取其粪拌土即生。

《蚕桑简编》：夏初椹熟，即可种。留至二三月，亦可掘地段，打土极细，浇粪水，搂起寸许，切不可深，深则不出。又松打草绳，以熟椹横抹一过，掘熟地埋之，法亦省便。

一压条

《蚕桑说》：春初取桑枝大者长二三尺许，横压土中，上掩肥土约厚二寸，半月后萌芽渐长，三月后可四五尺，次年立春前后翦开移他处，二三年即成拱把。按，伏天压桑亦活。

《蚕桑简编》：九、十月拣连枝好柔条，盘作圆圈，掘坑一二尺，和粪土紧筑，少露稍尖。冬盖腐草，春月搂去。正二月亦可盘，此盘桑条法，又近土柔条，攀倒筑实，条上枝稍出土面。次年春分，剪断老条，将发出新条剪去上梢连根栽之，此压桑条法。按，盘桑即压条中之一法，《本草》云：以子种不若压条而分者。

《王磐农书》：荆桑多椹，荆之类根固而心实，能久远，宜为树。鲁

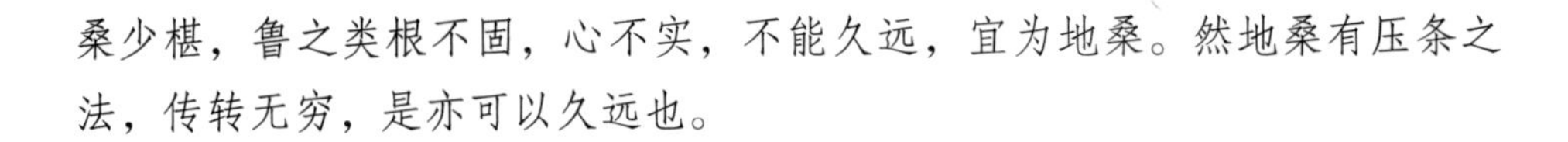

桑少椹，鲁之类根不固，心不实，不能久远，宜为地桑。然地桑有压条之法，传转无穷，是亦可以久远也。

一 移 树

《俞宗本种树书》：浙人植桑，斩其叶而植之，谓之嫁桑。以螺壳覆其顶，恐梅雨侵损，二年即盛。根下埋龟甲，则茂盛不蛀。先掘地成坎，贮以水，搅成泥浆，务令浓厚，然后移树栽之，根令舒畅，上培土、筑实，可不必日日浇灌，名坐浆种法。

《蚕桑简编》：移树勿伤小根，栽时须记原向，分行要宽，不可正对，春分前后栽易活。按，立秋前分老桑根一半，另栽用底水厚培土，露顶即活，老本亦更茂。

一 接 本

《种树书》：桑以构接则桑大。《蚕桑简编》：种过三年必须接，叶乃厚大。春分前后，择向阳好条，大如筋长一尺者，削如马耳，于树之离地二三尺处，将桑皮带斜割开如人字样，刀口约寸半长，将马耳朝外插接，以桑皮缠定，粪土包缚，令勿泄气，清明后即活。次年将本树上截锯去。按，接本接枝皆可接，本名墩接，皆照接果法，南人谓已接者曰家桑，未接者曰野桑。

《农书》：荆桑能久远，其条叶不如鲁桑之盛茂，当以鲁桑条接之则能久远而又盛茂也。按，俗说用新斧先斫鲁桑一二下，再斫去椹桑枝，斫后发芽变为鲁桑木。得金而化，盖物理之自然者。

《花木考》：接梨于桑，则脆而味美。按，《果谱》桑梨止堪同蜜煮食。今济南人桑上接梨，梨大而香，味稍减。《种树书》：桑上接梅，则不酸。按，《埤雅》梅至北方多变而为杏，桑接杏亦可，以此类推，桑盖无不可接之树。

一 采 叶

《种桑诗说》：采桑宜摘叶，不可攀折枝条。惟桑条之远出而细长者宜伐去。俟明春另长嫩条，否则成鸡桑。《豳风》："取彼斧斨，以伐远扬。"是也。然亦宜相度，或留为压条用。初发叶为初桑，肥嫩倘饲蚕有余，宜剪去，否则明春无力。次发为二桑，不须去，叶涩，饲蚕作丝，可为弦。

叶经霜而落者，喂羊甚肥。

《农书》：多种田，不如多治地，地一亩可养蚕十数筐，少亦四五筐，最下二三筐。米贱丝贵时，蚕一筐即可当一亩之息。人情欲速，治地多不尽力。谓田荒一年熟，地荒三年熟。然谚云："种桑三年，采叶一世。"未尝不一劳永逸也。

《蚕桑说》：蚕箪长丈二，宽五尺，编竹为之。屋中立四柱，柱下十齿，作架，容五箪。养蚕家多者二百箪，少者亦十余箪，每箪可得丝一斤，若得丝二百斤，则小康之家也。一亩之桑，获丝八斤，为紬二十疋。夫妇并作，桑尽八亩，获丝六十四斤，为紬百六十疋。

《蚕桑简编》：每桑一株，约采叶三四十斤。有桑五株，可育一斤丝之蚕。每地一亩，种桑四五十株，收丝八九斤，值银十余两。若种谷即收二石，丰年不过值银一两有余。且树谷必需终岁勤劳，树桑只用三农余隙，功孰难而孰易，利孰多而孰寡，必有能辨之者。惟小民可与乐成，难与谋始，要在贤有司乘时因地而利导之也。一邑如栽桑十万树，每年即出丝二万斤。殷实户留地二三亩，或一二十家共租数亩，租钱人工，所费无多，卖秧七八千株，亦足偿其赀本。按，《蚕桑简编》今陕西中丞杨宧峰先生撰。

道光十五年乙未八月献既缉《课桑事宜》呈

方伯眉生先生*蒙发给《蚕桑杂记》一编，系陈君白云撰**。其略云：凡养蚕必先树桑，桑椹初年出桑秧，次年成桑苗，桑苗大如指，分种诸地。

* 方伯眉生，即山东布政使司"刘斯嵋，字弥三，号眉生，江西南丰人，嘉庆辛酉科举人，辛未科进士，改庶吉士散馆，授编修，大考二等三名。……道光九年正月补授山东布政使，四月护理巡抚印务，十二年八月再护理巡抚，十六年七月又护理巡抚。"陈斌《白云续集》八卷，道光四年（1824）南丰刘氏刻本，浙江省图书馆藏，即刘斯嵋刻于安徽，值任安徽按察使，兼署安徽布政使。"道光四年，君受业弟子，南丰刘公按察安徽，安徽故君宦游地，续集写本所在多有，遂为刊版。"

** 陈斌《白云文集五卷·诗集二卷》嘉庆十二年（1807）刻本，其卷一所记杂体古辞两首《祝蚕妇》、《劝农歌》，都详细介绍蚕桑风俗、技术等内容。其卷四之《答秦小岘京兆书》言：斌本浙西德清鄙人，自幼居乡里，耕读为业，其于树桑饲蚕种刈稻麦之务力之能勉，迫于生计，出为馆师，考取进士，入觐京师，除青阳令。陈斌，字陶鄰，号白云，德清人，嘉庆四年进士，官青阳知县，调合肥，所至为之开堤堰，兴社学，民不知蚕，教之种桑。（嘉庆二十四年）升凤颖同知，署宁国府，被谪归，斌天资强毅，通达古今，发抒而为文章，师经探道，辞约理该，视世之专事雕绘者不同，有《白云文集》。

又逾年而成接桑，渐渐开拳，拳老叶益繁，遂成桑林。种桑秧宜起地轮，每株去五寸，连密培壅，去根边草，去附枝，每月浇肥一次，浇宜择晴日。种桑苗宜二月上旬晴天，宜高燥地。每株纵横去六尺许，剪直根，留旁根三四，令深入土尺五寸，必理根使四舒，勿促缩。厚壅土，必力踹之，地中边俱起沟道，使洩水。桑苗本长四五尺者，分种时，剪其本略半。俟发旁枝，择其旺者留二三。明年成条，又剪之，枝壮成干，遂剪其条以开拳，年年于拳上抽条，剪条接叶，叶多而易为力。盖柳有髡柳，桑有拳桑，物理之相似也。桑之不接者为野桑，野桑有团叶、有尖叶、有碎叶。团者尚可，尖碎者不中蚕食。野桑至把必接之，接桑宜谷雨前晴日，其法离土尺许，以小刀划桑本，成八字，皮稍开，即截取好桑条三寸，削其末，令薄如薤叶，插入八字中，使两脂相浃，将稻草密扎其处，勿令动摇，迟至五七日便活。二年以后接条壮，则截去，野桑之本，成接桑矣。陈君，讳斌，浙之德清人。嘉庆间宰合肥，以合肥多旷土，少蚕桑之利，小民生计日绌，因于湖中购蚕种，买桑于苕人之来者以课民，民由是养蚕，合肥养蚕自此始。夫民之穷且懒久矣，穷可疗也，懒不可为也。献不敢谓民之懒，由于官懒以不课桑，故而献则深信民之穷，由于地穷以不树桑。故如陈君者，可谓仁人君子之用心者矣。陈君所述种桑法参之古今种植书，大同而小异，亟登录之，以资考证云。陆献谨识。

古者农桑并重，而后之牧。民者往往只讲农功，不讲桑田，谓共事之稍轻与，不知十亩之间桑者闲闲，十亩之外桑者泄泄。诗人所咏，凡田间、陇畔、墙下、园中隙地，无不可以栽桑。贤有司深明治体，观天时寒暖，辨地利燥湿，督人工勤惰为之，讲种植之法，为之定劝课之方，民依念，切手勒一编，他日枣梨锓成，传播当世，以之治山东可也，以之治天下亦可也。治愚弟莱阳荆宇焘*拜跋。

呜呼！蚕桑大利也，善政也，岂独山东为然哉，虽吾直隶亦然。余读顾亭林《天下郡国利病书》言，直省宜蚕桑者凡两条，今备录之，以资参考焉。一顺德府知府徐公衍祚，劝民种桑。云：种桑之法，四月间桑椹熟时，拣黑

---

* 荆宇焘，嘉庆辛酉举人，进士，额外中书舍人，迁内阁典籍厅典籍，晚年主讲泺源书院，墓在西至泊村西。

紫色透熟者，水淘取净子，随宅园墙下空隙地所密密种上，或于近园井打成菜畦，如种菜之法，家家户户，随力栽种。出秧后任意移栽，不时浇灌，务期成效，一岁可得千万株。压桑法，春初桑根发嫩条，听其长成不动。至二月，将条压倒，自根至稍，每尺用粗绳横绷，俱令着地。至三四月，条上发芽。至五月夏至前后，其芽自长成小秧，再将大条用土培壅，止露小秧，向上发长，频用粪水浇灌。一两月间，其土内大条生白根。待来年正月，却照小秧处一一裁断，移分别地。栽桑法，正月择高阜地，每相离三尺许锄开一坑，深三四寸，坑底要平，将桑秧根须各分曲直竖坑内，粪培牢固，将余稍剪去，与土相平。每月浇粪水二三次，清明发芽再浇粪水一二次。一月可长一尺，每株根上只留一二芽，随月而长。至五六月间，摘去新枝上叶内小芽，去旁枝，止培原养本枝，直上直下。仍浇灌一年，可五六尺。腊月间剪去上稍，只留三四寸。到次年，每月只浇灌一次。春分后根上复生芽，不拘多少，摘去，止留一二芽，最要防护牲畜践踏。至五六月，去斜枝，恐夺本根脂力，长至六七尺，又怕风摇致伤根本，可用细绳拴缚，各桑根上互相牵绊。候至次年，任从摘叶饲蚕。其栽桑地内，不宜种花草，夺地脉，只宜种葱、韭、瓜、菜之类。取其频浇灌，桑叶愈茂。一涿州知州张逊于弘治四年承巡抚，秦公令取官田之沃衍者，筑为四圃，课桑椹枣核若干斛，俾善于种艺者，培壅灌溉，岁得桑枣数千万本，令民及时移植，私田久之，遂有成效。燕地高寒，土宜桑枣，桑之叶大于齐鲁，枣实小而多肉，甘于鲁魏。然丝之产不多，而枣不流于他境者，民惰故也。以上两条剀切详明，凿凿可行，与伊湄所辑课桑书同乎？否耶。余家保定之满城有田一区，岁苦旱潦，而不知种桑。今寄书家人如法栽植，一年而种椹，二年而移秧，三年而接本，庶其有成乎？《诗》曰：维桑与梓*，必恭敬止。愿以告吾乡之牧民者，同此拳拳也。

道光十五年九月朔日

山东候补知县年愚弟李澧** 顿首拜跋

---

* 《诗·小雅·小弁》：“维桑与梓,必恭敬止。”古人常在家屋旁栽种桑树和梓树。又说家乡的桑树和梓树是父母种的,要对它表示敬意。后人用“桑梓”比喻故乡。

** 李澧，字郛源，道光辛巳举人，历任山东惠民、阳信、菏泽、费县、蒲台等县知县，署理济南府同知，所至有惠政，名为李青天，去任民为立真父母坊、大神君、去思碑于三毛镇渤海等处，晚年休致归里主讲本县崇实书院，提倡文学，士风丕振。

《蚕桑杂记》，陈斌《白云续集》卷三，刘斯嵋刻于道光四年

《吴都赋》：乡贡八蚕之绵，八蚕者，八出之蚕也。春蚕一年一出，夏蚕一年再出。再出者，夏蚕之种，先出于春，嗣复生种，又出于夏也。秋蚕五出者，春夏褫出，至九月而五也。春蚕丝柔而纫，夏蚕丝急，秋蚕丝杂，柔者经，急者纬，杂丝为线为弦。湖乡鲜饲秋蚕，盖仅见也。此八蚕之异，古注无及此者。

《周礼》：禁原蚕者，谓再出之夏蚕也。以今验之，原蚕害桑而不害马，春蚕饲桑，采捋已尽，夏初萌芽，摘取过甚，则来年不繁，故禁之也。今湖乡畜夏蚕，不及春蚕之半，叶不尽摘，桑亦无害。尝见有蚕在筐，有马在厩，而不相妨者。郑氏《注》用纬说，故云然耳。

《汉志》云：火蚕十八日，寒蚕三十日余。谓用火之蚕，食无止歇，故眠起早而成茧速。不用火则为寒蚕，寒蚕必弥月而后成茧也。今俗蚕出种，而遇春寒，则用火，用火之法，以大缸贮净灰，中煨桑薪，不使过烈，置筐其上烘之，一昼夜饫二十余次，三昼夜而头眠，其明验也。然过头眠，无用火者，语有云：火蚕不殭，得温燥之力也。

蚕五日头眠用火者三日，闲日而起，二日再眠，三日三眠。亦闲日而起，大眠必五日，大起必二日。越六日而蚕熟，则上簇焉。更三日而成茧，则下簇焉。下簇二日而变蛹，十三日而出蛾，三日而生种毕。

蚕之出种曰乌。将蜕曰眠。既眠曰起。眠即伏，起即食，食少缓曰下食。食倍加曰旺食。旺食后曰来丝。旺食蚕青，来丝蚕红，来丝三四刻，则蚕眠矣。

蚕有三眠，有四眠。四眠丝多，三眠丝薄。今之饲蚕者，四眠为多。二眠而即大眠者，三眠蚕也，三眠而后大眠者，四眠蚕也。大眠大起，成坏由之，饲蚕者尤加慎也。

蚕有六前足，八后足，后足沿行，前足持食。蚕有上口，有下口，上口食叶，下口吐丝。蚕有食肠，有丝肠，食肠色青，丝肠色白。

蚕之病不病，视其头与其刺，头缩而有黑点，刺瘘而焦，则蚕病矣。

蚕性喜温燥，而畏湿，畏热，畏阴雨，畏刁风，畏山岚水雾。故江湖之滨，重山之中，不宜养蚕。其风雨湿热，凡养蚕者避之。

蚕为彘虫，食气而病，诸气之至，必因乎风。北风甚则湿气至，东西类然，其雨气雾气诸秽毒之气，蔑不乘风而入，故养蚕之室，北风起，则闭门窗，开南户，南风起，则闭南户，开北窗。外来之气，勿使潜入，内受之气，必使散出也。

阴雨之前，地气蒸出，高三尺余。阴雨之日，湿气压瓦屋而下者，亦三尺余。栖蚕于筐，置筐于架，高下必审量之。凡蚕中湿气则白殭，中热气则红痿，中雨气则瘦泄，中雾气则腹溃，中秽毒气则水吐脑裂。

蚕食而不饮，遗矢曰沙。沙欲其燥，盖蚕食桑汁，积而不泄，将成茧，而一溺也。故筐有湿沙，其蚕必病。

蚕为化虫，头眠病者，不能二眠，大眠病者，不能成茧。有病之蚕，不可留种，种虽隔年，出即坏矣。

俗种之异，有石灰种者，以石灰和水浴之。有盐种者，以盐水浴之。有天晒种者，冬末腊初，置种纸于屋上，稍以草护，令其受严霜经日晒五七日，而后浴之，知其种，勿违其性。冬月下旬，遇晴和则浴种。清明前五日，再浴之。冬浴使之润，春浴速之出也。浴种无论河井水，先宜浅缸内盛水，晒热不冷，于午正未初浴之。

蚕将出种，先五日置种纸于席褥间，以人气暖之，谓之护种。种必护而后能齐出也。

凡饫蚕，头眠切叶，二眠贴叶，三眠摘叶，大眠铺叶。切叶细视韭，贴叶去筋蒂，摘叶除嫩梗，铺叶连梗蒂。

养蚕多寡，以三眠为额，称乌一钱，得三眠一斤，一斤蚕得十斤茧，是全收也。三眠为额计斤，是四眠蚕，于三眠时秤之。

一斤之蚕，食叶三个，五十斤为一个，是百五十斤也。计蚕一斤，约二千四百头，是一蚕食一两叶也。

蚕乌出种，以鹅翎拭之，谓之蚕翎。匀拨切叶，以竹箸削如针尖者夹之，谓之蚕箸，恐手指捉捏致伤乌也。

小筐养乌，糊以净纸，焙燥而后用之。

贮蚕大筐，其径三尺，其围丈余，边起二寸，细竹篾织之去其节刺。

蚕筐之架，分列三柱，特缺其前连，置中档，如横丁字，柱高九尺，档离九寸，每一蚕架，档分上下九层，可庋九筐，三楹之屋，计列六架。

每日必替蚕，替蚕者，更而去之，谓去筐中之残叶与沙，而更置一筐也。残叶与沙，积之过厚，则湿热之气蒸，故必以蚕网替之。

凡结蚕网，宜用熟麻，二眠之网，其目半寸，大眠之网，其目寸余。网布筐中，角垂筐外，叶置网上，蚕起而食，蚕食三次，对举网角，提而替之，残叶与沙之在网下者，分拭去矣。

蚕眠必检替，检替者，亦去其残叶与沙，俟其蜕而起也。头二眠，蚕细而叶碎，去之不能净尽，则向阳而晾之，谓之晒替。晒替者，欲其残叶与沙，即时枯燥，而不致蒸湿也。若阴雨不能晒替，则蒸湿之气必多，糁煨糠石灰以收之。

煨糠之法，蚕月前，以稻谷粗糠，煨之存性，贮置高处，至期而用之。石灰以风化，更于烈日中晒之，收以大瓮，勿令守湿气，然后可以护蚕。

蚕熟则上簇，簇者，谓密插稻秸，相攒簇也。去地四尺，架竹木，布细苇之帘，插稻秸于其上，栖蚕作茧，下以炭火焙之，焙之者，丝随吐随燥，则纫而不断也。一日夜而火可去，三日夜而茧成。

茧丝之浮者曰：茧黄。剥而去之，然后丝绪出。为线可作绵绌。

两蚕三蚕，共作一茧者，曰：公茧。公茧丝绪乱，宜作绵不宜缫丝。

缫丝之具，涂行灶，支尺八之锅，傍锅置缫车，车凡四柱，后柱安丝轴，前柱牡笋戴磨磑，磑上贯横木以带丝钩，柱前伸两辕于锅上，辕头横小板，钉丝针二焉，又于辕中树二尺之架，置两响旋，其下设脚踏之机，引绳钩轴以利转。

磨磑，为丝钩设也。磑举其形，磨言其转。磨磑高四尺，中凿圆孔，施于前柱，牡笋之上，而深刻其腰，系绳于腰，连于轴端，故轴转而磑亦转也。磑上立小莛横木，中列丝钩，凿孔其端，而贯柱上，故磑转，则横木亦带丝钩以转也。盖绕丝于轴，无以移之，则必堆重而不匀，无以约之，则必外散而不收，故为丝钩。设磨磑，磑之环转凡几寸，则丝之上轴而成片者亦几寸。智者创物，此类，是也。

响旋，旋转而响也。以竹为之，穿其中孔，长身而横列。凡缫丝者，浸茧于锅，理其丝绪，穿丝针之孔，引而上之，绕于响旋，然后带以丝钩，而上丝轴焉。盖聚十余茧之绪而成一丝，非丝针之孔，则无以综之，非响旋，则无以交合之也。其制虽小，不可易也。

缫丝用清水，煮水之法，视焙茧之火以为候。见前载蚕热上簇焙茧凡焙茧之火过烈，则丝必急而易乱，乱者虞其跔，宜稍温之水以漾之。焙茧之火过漫，则丝绪必缓而易断，断者虞其沈，宜半沸之水以起之。煮不如法，茧倍而丝半，是可惜也。煮作绵之茧，百沸而后热，故绵线不如丝纫。

丝轴之下，用火炼丝，火愈烈者，丝愈纫，其光油然。

缫丝之余，茧之薄窝，劈而作绵者，谓之劈花。缫丝之绪，其乱杂者，摘出之以作线，谓之丝堵。均可为线织绵紬

蚕沙最宜发土，蚕蛹最宜壅禾，故谚云：蚕身无弃物。可代粪凡养蚕必先树桑，桑叶饲蚕，其条作薪，皮可为纸，宅边田埂，俱宜树之。

桑葚一年而出桑秧，二年而成桑苗，桑苗大如指，分种诸地。又二年而成接桑。三年而开拳，拳老叶益繁，大如升斗者，数十年物也，遂成桑林，桑根不喜积水，种桑秧宜起地轮，每株去五寸，连密培壅，去根边草，去附枝，每月浇肥一次，浇宜择晴日。

二月上旬晴日种桑苗，地宜高燥，每株纵横去六尺许，剪直根，留旁根三四，令深入土尺五寸，必埋根使四舒，勿促缩。厚壅土，必力踹之。地中边俱起沟道，使泄水。

凡桑秧，先删附枝，俟本长四五尺，成桑苗，至分种时，始剪其本略半。俟发旁枝，择其旺者，留二三。明年成条，又剪之。枝壮成干，遂剪其条以开拳，则年年于拳上抽条矣。剪条摘叶，叶多而易为力。盖柳有髡柳，桑有拳桑，物理之相似也。

凡桑之不接者，为野桑。野桑有团叶，有尖叶，有碎叶，团叶尚可，尖叶碎叶，俱不中蚕食，故野桑至把必接之。接桑之类，有火桑，有晚桑。晚桑之类，有荷瓣桑，有麻桑，有高桑，有青桑。青桑多葚，高桑叶细，以荷瓣麻桑为上。蚕初出时食火桑，三日后俱食晚桑，故火桑不多接也。

谷雨前数日，候天晴，视野桑将至把者接之。其法离土尺许，以小刀划桑本成八字，皮稍开，即取荷瓣麻桑之细条，截三寸，削其末，令薄如薤叶，插入八字中，使两滋相浃，将稻草密扎其处，勿令动摇，迟至五七日便活，叶便发。二年以后，接条壮，则截去野桑之本，成接桑矣。

垦桑地用铁耙，重四斤，刺长六寸。

垦地宜二八月，下肥粪必入土尺许。除草务尽，桑根有浮起者，必剪去之。养桑之法，于发叶之前去附枝，于垦地之时去浮根，所以根深而叶茂也。

害桑之虫有二，一蚟虫，一蛀虫。蚟虫食桑叶，有头蚟，有二蚟、三蚟，桑经蚟食，则逾年而枯，故去蚟最要。蚟形如小蚕子，著桑皮，隔年而出。去蚟者，于桑皮上刮去其子，有遗种必于头蚟尽杀之，至二三蚟，则多而难治矣。总宜清明前刮去。蛀虫有剥皮蛀，有盘根蛀，有钻心蛀。虫之蛾为铁牛，夏秋之间，啮桑皮而下卵，其啮处有痕，并有浮沫，拨去其卵，即虫绝。倘已成虫，日蚀其内，矢必外出，用铜丝或竹签，随其孔而刺之。若桑大而入深且曲者，以小凿凿孔还刺之。

合肥各乡多旷土，而少蚕桑之利，吾民生计日绌，守土者愧无术以佐之。去年于湖中购蚕种桑秧，分给绅耆，而推喻未广。询之乡民，犹芒然不知。窃自叹亲民之官，乃不能时时教民，有一二利民之事，又不能即见其成效，其去其留，非所自主，夫益知经久兴利之难也。今以养蚕种桑之法，遍示吾民，绅耆宜讲解教导之，十年有成，其利必广。盖吾尝亲为其事，而琐屑及此，吾民亦自为生计而已矣。

附　录

附　录　一

龚自珍《陆彦若所著书序》，道光十六年

陆彦若曰：天下之大富必任土。东西南北，人苟有六尺土。若十尺土，土之毛，皆识其华实，辨其材，节其性，伺其时，其生其死，勿以还土，可以小富。矧夫若百尺千尺万尺。有百尺之土，役于圃一人，役于市一人，为天下养二人。千尺者役于圃三人，役于市三人，为天下养六人，以是为差。天下之富人，亦必以是为差。富殖德，故曰：德产焉，传其术以德后生，富又殖寿。龚自珍曰：五经财之源也，德与寿之溟渤也。成周书真伪半，勿具论，论尧时。《尧典》言百谷矣，其后但言五谷、六谷、九谷，五六九之外，蔬蓏可材，尽《尧典》之所谓谷也。汉儒马融说《咎繇谟》之文曰：庶艰食，犹庶根食也。谓凡草木有根者根可食，或实可食，或华叶可食，皆曰根食。然则庶根食者，其犹百谷欤？彦若知经术矣。自珍又曰：《古农书四篇》，吕不韦采之矣，《氾胜之书》阙不具，魏高阳太守贾思勰书二十篇，著录家皆录之，文渊阁又录之矣。汉大儒司马氏为《货殖传》，所以配《禹贡》，续《周礼》，与《天官书》同功。不学小夫，乃仍指为诙嘲游戏愤怒之文章，颠夫！今彦若所著书，祖古农书，祢司马氏，而伯仲于氾胜之、贾思勰之间，宜急写副，德后世。曰《种树方》者三卷，曰《种菜方》者一卷，曰《种药方》者一卷，都五卷，著录之如此。又规之曰：往往错举古今名，古今语未可同。又不分析东西南北之所宜，试者或不得种，得其种，或效或不效，宜小字细目，以江河界限之。彦若亟出都，未暇治也。丙申九月九日。

附 录 二

陆献《丹徒横闸改建议》

镇江府城西有大闸，城东十余里曰丹徒镇，有横闸。又十余里曰越河，有越闸。三闸引江水入丹徒河济运。横闸俗名丹徒闸。旧制金门狭而长，西向，闸底高。金门狭而长者，欲其长潮力猛，而泥活不淤也；西向者，欲其长潮直冲而上，落潮从大闸口出也；闸底高者，欲其蓄水也。以故丹徒河数年一挑，糜费不重。近年以来，闸坏而修之，不利，又拆修之，仍不利。现在金门宽而浅，东南向，闸底极低。金门宽而浅，则长潮无力而易淤，年年挑浚，所费不赀矣；东南向，则潮不上涌而下漫，横闸之潮不能到大闸，而大闸之潮反出横闸，长潮之势平，落潮之势更平，而淤日积，丹徒之运河积淤，而徒阳全河且日以积淤矣；闸底低，则不能蓄水，虽日下版，而有名无实，利闸官不利漕运。今冬寒水落之时，闸塘水深不见底，而运河中猪河滩一带断流，此闸底低于河底之明验矣。客泊舟于此，访诸里中之耆老，佥曰：宜复旧制。夫潮之长落，均以阅一时为度，今则长潮虽仍阅一时，然以移向不得力，而潮落则迟至三四时辰之久，虽欲不淤，乌得而不淤。若将横闸之金门，收小一半，添长一半，改东南向为西向，闸之右臂缩短，左臂伸长，逼潮水西注，闸底填高三尺，使蓄多而泄少，则长潮势猛；长潮势猛，则落潮从大闸口出江，而徒河不至大淤；河不大淤，则岁挑可议减矣。改闸之费无几，岁挑之费无穷，司筹者盍留意焉！

然查横闸之坏非坏于官也，实坏于徽之木商也。数十年前，木筏由常州之江阴进口，后以江阴路稍远，改由镇江大闸口而入。当京口粮船正在开行时，木筏齐停镇江口，俟粮船开毕，然后入大闸。至今镇江之西门外江口，土人谓之排湾。排湾者，木排湾船之所也。不知何年擅入横闸。横闸金门狭而长，闸底又深，木排之大，不足以容焉。且口门西向，潮水西注，而木排入闸，碍于闸左臂之伸长，转折不便，故于修闸之时，施其诡计，朦溷经营，而横闸遂成变局，再坏再修，再经营而变为有闸不如无闸之局矣。今若改闸，于运河大有裨益，而于木商亦无所损。须明白谕示，所有木排仍会齐镇江之江口排湾，俟粮船开毕，准其由大闸进口。其不能守候者，听其仍由江阴进口可也。至木排进横闸，永禁不行。如此则阻挠无人，贿赂无用，而改闸不日成矣。

附　录　三

陆献《禁东岳庙前开石坑告示碑碑》在县学乡贤祠门石

照得本县到任以来，查阅接管卷内有东岳庙道士司悟仑呈控乡约张文礼一案。复据道会曲复衡病禀称，该道士司悟仑素不安分，在庙前开坑启石，道会不能拦阻等情。本县亲诣南关外东岳庙周复查勘，该处山地在东岳庙前，已刨挖成坑，询之该处者，老佥云：郡城系由文峰山来脉结成，东岳庙前面正当脉地，若在此处刨挖石块有伤来脉，与合县文风大有关碍等语。查看舆图，亦复相符，本县岂肯徇该道士一己之私，致坏合县文风。当即押令该道士，即日将土坑填平，并取具该道士司悟仑同道士庞悟修，嗣后，永不敢在庙前地内刨坑起石，甘结存卷。本应将司悟仑责惩，念其年老，从宽免窕结案。惟恐嗣后有无知愚民，怂恿该道士等复萌故智，为此出示，严禁所有东岳庙前刨石处所着永行禁止。再查蓬邑，盖造房屋，多取石块砌墙需用甚多，本县不许道士司悟仑刨挖石块，原因其所刨之地有关合县文风，是以禁止，并非不许刨挖石块，诚恐各乡民误会，此意一概不敢刨挖。合并明白晓谕，仰合邑军民人等知悉。嗣后，尔等如自己地内应刨石块于城龙及民间村庄坟墓无碍者，准其开采。其向来曾经刨挖之所，仍照旧刨挖，概不禁止。倘乡地人等敢有借端需索，一经本县访闻，定行从严究办。

（道光《重修蓬莱县志》卷十三《艺文志·碑铭》）

附 录 四

陆献《蓬莱阁饯别》

父老来何为，长江花袅枝。有情谁遣此，无德以堪之。祖道云山列，攀辕涕泣垂。春归吾且返，行矣勿迟迟。云气聚蓬莱，登临亦壮哉。神仙入城市，金碧现楼台。刻意奇难覯，随缘境转开。我来刚一载，屡见不惊猜。地瘠石山竭，舟艰商贾空。坐销银百万，莫辨亩南东。培养还元气，捐输鄙近功。无他惟静镇，庶可救疲癃。闻道官山里，新添种树家。都知十年计，非为一春花。梧老还修茂，榆坚可制车。硗区皆沃壤，何地不桑麻。橡栗偏宜茧，椿樗亦饲蚕。谁云东海上，不及大江南。放种倾筐墍，收丝贡篚堪。漫称吴越富，风俗早同谙。日日观沧海，归来兴未赊。还思倾瀑布，便拟煮新茶。泉味在山好，诗才洗髓夸。匡庐读书乐，飞梦赤松家。风雨亦期会，论文君子洲。自然无俗韵，毕竟是清流。一日师生契，终身道义求。勉旃功勿懈，盼到桂香秋。文武邦之翰，刘公第一人前登镇刘松斋先生祠在蓬莱阁下。精神贯多士，膏泽下斯民。遗像瞻前哲，雄风启后尘。馨香荐嘉谷镇署西园艺谷有生双穗、三穗者，咸以为丰年之瑞，俎豆百年新。风火炮连环，将军破虏还谓成昆冈大帅。双城依海国，万里话天山。刮目宦场外，离怀杯酒间，多情一直照秦关。

落落数相知，行行天一涯。何时复相见，同此长相思。肝胆云霞朗，声名草木威。与君期白首，焉用赠临岐。嗟尔众兵情，惭余令尹名。欢呼来请寿，奔走送登程。此日貔貅队，他年颇牧声。勖哉咸自爱，努力效忠诚。自有使君来，人心系不才。缠绵知尔意，毁誉重吾灾。愿效驰驱力，终收菲薄材。浮云原不厚，早见曙光开。

（光绪《蓬莱县续志》卷十四《艺文志下·诗歌》）

附 录 五

邑侯陆献伊湄《喜闻季仙九同年视学山东奉寄四章》

一封丹诏焕星躔，艳说神仙下九天。学士登瀛原迈众大考第三散馆第一，至人侧席正求贤。簪毫乍捧金阊日，拂袖还携玉案烟。想得蓬莱才揖别，皇华高唱又成编。采风使者驻名湖，鹊华山光占画图。宝树仅教归铁网，纤尘从不染冰壶。翰林声价真清贵，台阁文章足楷模。何逊别来逢岁晚，梅花相赏未应孤。

今日河渍昔海濆，揭来三载惜离群。何期十丈尘埋我，早慰千番梦逐君。知己感恩常切切，爱才如命共殷殷。题诗预报迎春去，翦烛官斋入夜分。

东国云泥判不如，长安联袂记公车。绛帷再问人应笑，丹版重看手自书。陡觉奇峰生岱岳，竟扶小草上霄虚。花时八座迎来否，万顷琉璃奉起居。迎养太夫人

傅同禄登瀛《赠别邑侯陆伊湄先生解篆去曹四章》

书斋几度课诗文，丹桂高攀属望殷。二论著来罗万象，八章赋就掃千军。学同韩愈尊如岱，品比程颐仰似云。幸得春风三载坐，心香一瓣未应分。

艳说郁林凤彩呈，云霄一羽被苍生。安边曾记黄麐咏，燕省时闻呦鹿鸣。溟渤三山参治象，洪涛九曲写英声。圣朝雅爱防秋最，应识臣心似水清。

昔闻沧海变桑田，今日曹南又入仙，农圃经营民暴富，郊庠劝课士皆贤。渔舟遥唱苍葭外，秧马棲绿树前。更媲河阳花作县，甘棠思慕最缠绵。

庞统原非百里才，方州典领更谁猜。三年已氏功初奏，千里君门春乍开。余慕应从棠舍动，远迎定有筱骖来。受恩如许何曾报，想得斑骓去复回。

陆献《答傅登瀛赠别四章次韵》

且束轻装且试文，情于吾党每殷殷。披帷讲席刚三载，拔帜词坛自一军。便欲临流盟白水，还从上路赠青云。鞭丝明日征尘里，离绪应怜到十分。

材如天骥本堪呈，垂首秋风惜此生。逐队羞同鱼未化，惊人敢诩鸟将鸣。汝来立雪原关念，我击因风好寄声。自信一官浑不染，年时心迹喜双清。

江南二顷未谋田，海上曾经吏亦仙。不信下泉能易俗，相逢高足共称贤。题诗袒见成篇后，送酒愁看奉爵前。漫道长安居下日，一条云路太绵绵。

照眼谁为绝世才，偶居与我竞无猜。萍蓬不定重教合，桃李何妨一样开。揽辔攀将遗植去，停车记否论文来。可知卿亦流连物，别后相思首重回。

（光绪《曹县志》卷十七《艺文·诗》）

附　录　六

丹徒蚕桑局规四条

丹徒县城东，设立劝课蚕桑局。公请董事，管理出入账目，照料一切。公议四条，开列于后：

一种桑。种桑须接条，三年而成，莫若用湖州接过桑条，较为省力。兹定于本年大寒节内，雇觅溧阳善种小桑树之人，往购湖桑，包栽包活。

一养蚕。俟接桑长成之次年，就近雇溧阳蚕妇来局，教十五岁以下女子养蚕。

一租地。以十年为期，按年给租价。每亩栽桑四十株，二年后，每株摘叶三十斤。以五株百五十斤之叶养蚕，出丝一斤。计一亩，出丝八斤，织绌二十疋。除去租价人工饭食一半，颇有赢余。

一筹款。由绅士分单，各向亲友写捐，无论多少若干，均由局中给与收票。俟三年成熟，按每年一分起息，统共加三连本归清。其妇女养赡银两，情愿借入局中者，加给经摺，按月付分半利。亦俟三年归本，官捐者，任满日如数完缴。

蚕桑局事宜十二条

规条既定，亟须妥速料理。所有一切应办事宜，择其尤为简要者，开单于后：

一编篱。查照古农书法，冬月夹杂密栽榆柳大长条。俟生活后，两边扳倒，编为十字篱，用棕束紧。此外仍多栽酸枣、枸橘、木槿、五加皮之类，总以有刺者为佳。

一立牌。牌上横书大字曰：劝课农桑局。呈请地方官出示，禁止闲人，毋许作践树株。

一开塘。引江水浇灌，省开井费。兼可养鱼放鸭，种莲藕、菱芡、茭白、荸荠之类。

一窖粪。冬日培根，用缸盛鱼腥，百草水亦好。

一接果。四月间畦种桑。冬月将土研齐浇过，春发新芽。除次年接桑外，多余可接果树，不论杨梅、石榴、梅、杏、梨皆可接。

一蓄菜。桑下种葱韭瓜菜，及芋苗山药，取其频频浇灌，桑叶愈茂。蝗不食桑，芋故宜多栽。

一采药。霜桑叶、桑寄生、白皮及殭蚕之类，皆可入药用。惟桑虫名蜗牛者，须勤补之，方不伤叶。

一取料。养蚕须矮桑，多留大者长成材料，制一切器具皆好。桑梓桑麻桑枣并称，亦不妨连类及之。

一养竹。局中需用桑梯桑几及桑箔之类，大约竹器居多。

一喂羊。老桑叶喂羊肥美，羊失兼可饲鱼。

一分局。捐项充余，可陆续添设分局，以期广栽。

一睦邻。局中种椹后，小桑甚多。如邻莊有愿栽界桑，及公所愿栽公桑者，悉听其赴局酌给小桑株，以期普济。局中刊刷农书，并刊《简明种桑养蚕方》施送。

凡创法，在于简易可行。如种桑养蚕各法，止须雇一种工一蚕师，而无庸绘图贴说之烦。如筹欵，使捐户皆有余利可沾，无异发典生息，故无劝捐不应之累。如租地，则随处闲土皆可试行，故无占地妨农之虑。此稿乃上年丹徒在籍知县陆献刊行，设局二载，已有成效。

（陆伊湄、沙式庵、魏默深辑《蚕桑合编》，道光二十四年）

附　录　七

方志中记载的陆献仕宦资料

一、光绪《丹徒县志》卷二十二《科目》

道光元年辛巳，恩科。陆献，北榜知山东蓬莱县，改发安徽。

二、道光《重修蓬莱县志》卷六《官职·文秩》

陆献，丹徒举人。诘办横泰，教民树木，十年任。

三、光绪《增修登州府志》卷三十一《文秩七》

莱阳县。陆献，道光十一年八月，由蓬莱署任。

四、光绪《曹县志》卷九《县令》

陆献，江苏丹徒县举人。道光十三年三月二十日到任。

五、吕耀斗等：光绪《丹徒县志》卷三十六《尚义》

课蚕种桑局。道光十五年邑绅陆献任山东曹县归，以《蚕桑兴利法》刻本劝民，溧阳狄继善有《蚕桑问答》一编。设局于鹤林寺旁，远近举行。咸丰三年兵燹后，各桑园俱废，陆亦早卒。陆献见宦绩

六、光绪《续修庐州府志》卷二十四《职官表二》

陆献，丹徒人，举人。道光十九年署，有传。

七、光绪《续修庐州府志》卷二十八《名宦传三》

陆献，字彦若，号伊湄，江苏丹徒人，宋左丞相秀夫裔孙。道光元年辛巳恩科顺天乡试举人，由回疆军营保举，九年选授山东蓬莱县知县，历任莱阳曹县保升知州。十九年拣发安徽，以繁缺知县用署合肥县，八月到任，首以除暴安良，兴学校，劝农桑，培补地方元气为要，重梓《农书》

二卷、《蚕桑辑要》八卷，并刊《尊朴斋诗钞》，在任二年，政绩甚著。有《山左蚕桑考》刻入《高唐州志》。咸丰九年以山东巡抚文煜请入祀山东名宦。采访册《陆氏家乘》

八、光绪《丹徒县志》卷二十八《宦绩》

陆献，字彦若，号伊湄，宋忠烈公秀夫裔孙，世居丹徒镇。道光辛巳由国学上舍举顺天乡榜。道光七年，随钦史那彦成赴回疆办善后事宜，保举知县，选授山东蓬莱县令，权莱阳篆，调繁曹县。所至兴利除害，办事实心，劝民种树栽桑养蚕，设织局，刊论诗及塾规条约各篇，士习民风为之一变。癸巳夏，黄河堤工抢险，独力购办料垛，昼夜巡防二十余日，保升知州。嗣缘案送部，拣发安徽署合肥县事，除暴安良，严缉枭匪。时海上多事，奏调浙营，随同官军收复上海。壬寅六月，镇城失守，调防芜湖，上书以险要如采石及东西梁山俱宜设伏，并筹备火攻、练勇、驾船等法，多见采纳。事平，去官回籍。文东川方伯招至吴中，议劝课蚕桑，培补地方元气，乃设局城南鹤林寺，法以无旷土游民为正旨桑局见《义举》。在山东著有《山左蚕桑考》，徐树人刺史刊入《高唐州志》。在皖江，重梓张杨园《农书》二卷，及元人《蚕桑辑要》八卷。其居丹徒镇，见横闸金门改向，不能蓄水济漕运，且挑河岁费甚巨，乃作《横闸改建议》见《艺文》。贺耦耕制府刊入《皇朝经世文编》。卒于家，年五十八，咸丰十年入祀山东名臣祠。著有《尊朴斋诗草》。子四，长庆、以耕、长生、堃。家传节略

九、民国《续丹徒县志》卷十八《艺文》

陆献，《种树方》三卷、《种菜方》一卷、《种药方》一卷、《庄械金匮释例》二卷。《蒿庵集·序》

附 录 八

奏为委任陆献署理莱阳县知县事

再莱阳县知县邓肇嘉因案。奏请撤任所遗员缺，查有登州府属之蓬莱县知县陆献，委解陕饷差，旋尚未回任，堪以署理。据藩臬两司会详前

来，除檄饬遵照外，理合循例。附片奏闻，伏乞圣鉴，谨奏。山东巡抚讷尔经额，道光十一年七月二十四日。

（中国第一历史档案馆，宫中朱批奏折　04-01-12-0421-080）

奏为参革合肥知县陆献将应交银米交代清楚请开复等事

安徽巡抚臣程楙采跪，奏为参革县令交代清楚，请旨开复，并请将接任知县及该管知府一并邀免议处，恭折奏祈圣鉴事。窃臣前因卸署合肥县事降调知县陆献经手仓库，查有亏短，接任知县沈详煦开揭迟延，知府戴凤翔督催不力，当经会折参奏，钦奉谕旨，这所参亏短仓库之安徽前署合肥县事降调知县陆献著先行革职，提省委员监同清算，核明实亏银米若干，分别严参究办。接任合肥县知县沈详煦开揭迟延，庐州府知府戴凤翔督催不力，著一并交部议处，钦此。遵即行司，饬提该员等带同卷据来省，委员监盘，澈底清算。去后，兹据藩司徐宝森，臬司万贡珍转据庐州府知府戴凤翔详称，前署合肥县陆献，接任知县沈详煦交代一案，业经会同监盘算明。陆献实应交正杂捐摊等款，共银一万五百五十二两零，又漕月正耗等米一千三百二十五石零，其应交库项除禀准应领采买米石脚价银一千两，又应找垫买米价银三千七百两，均应划抵契税银两外，仍应交银五千八百五十二两零，同漕月等米，已据陆献照数移交，沈祥煦接收清楚，分别解司，兑收取具，印加各结。由道移司请免提省核算等情，会详请奏前来。臣查陆献经管合肥县任内，仓库查有亏短，接任知县沈祥煦揭开迟延，知府戴凤翔督催不力。一经臣会折奏参，即据该府县督同算明，将应交银米逐款交清，尚知儆惕，合无吁恳。圣慈，将参革前署合肥县事降调知县陆献开复原官，归部铨选。庐州府戴凤翔、合肥县知县沈祥煦，均请邀免议处。出自皇上天恩，再查陆献前署合肥县任内，因接遞本章，迟延部议，降一级调用。钦奉谕旨，著该抚出具考语，送部引见。再将谕旨等因，钦此。应俟该令交代一案，准其开复后由臣出具考语，送部引见，合并陈明，谨会同两江总督，臣耆英恭折具奏，伏乞皇上圣鉴训示，谨奏。道光二十二年十二月初八日。

（中国第一历史档案馆，宫中朱批奏折　04-01-12-0457-034）

后 记

2008 年 9 月硕士入学，在导师曾京京指导下，开始阅读农业遗产研究室蚕桑类古籍。2010 年 1 月与曾京京一同前往章楷先生寓所请教，之后更与蚕桑古籍研究更加不能分离。2011 年 9 月攻读科学技术史博士，蒙导师盛邦跃厚爱，得由我自选题目，我毅然决定继续从事蚕桑古籍研究。来山东工作数年，亦坚持此类探索，自古山东农书数量与内容在全国属于前列，这也是合乎我旨趣的研究内容。

《山左蚕桑考》是我关注江南蚕桑史过程中，早就听过的一部农书，虽此前借助尹北直女史、朱菲女史两次国图复印与手抄，并未获得全书内容。2016 年得以见其全貌，从陆献撰写体例来看，当今亦不过时。2017 年 7 月份，前往国家图书馆古籍馆，在张慧霞女士、王衡女士热心帮助之下，最后一次校对了两版本文字、封面、题跋等细节，终得完稿。

期间，与华德公先生私下多次交流，先生期盼将山东蚕桑史，尤其是蚕书，有一个完整详细的介绍，同时将《沂水桑麻话》、《养山蚕成法》等内容完整收录。增加些许 1990 年版《中国蚕桑书录》书中未见详细之处，亦或在山东蚕桑史研究中出现新内容。承蒙先生多次指导，得以完成此书。

感谢肖克之与唐志强两位专家的鼎力推荐与帮助。感谢吴昊博士、毕晓君女士、王新月女士、徐蕾女士、刘双庆女士、李淑婷女士、高丽娜女士、张慧霞女士、夏敏先生、杜臣先生、许文超先生在本书撰写过程中提供的帮助。感谢中国农业出版社孙鸣凤编辑辛勤工作，给予出版方面帮助。

书中不免有谬误之处，望方家不吝指正。

高国金
二〇一七年八月
泰山南麓寓所

图书在版编目（CIP）数据

山东蚕桑史志：陆献《山左蚕桑考》补编 / 高国金编. —北京：中国农业出版社，2018.6
ISBN 978-7-109-23813-8

Ⅰ.①山… Ⅱ.①高… Ⅲ.①蚕桑生产－农业史－山东－清代 Ⅳ.①S88-092

中国版本图书馆CIP数据核字（2017）第327821号

中国农业出版社出版
（北京市朝阳区麦子店街18号楼）
（邮政编码 100125）
责任编辑　孙鸣凤

中国农业出版社印刷厂印刷　　新华书店北京发行所发行
2018年6月第1版　　2018年6月北京第1次印刷

开本：700mm × 1000mm　1/16　　印张：16.75
字数：280千字
定价：68.00元